U0553204

盔甲骑士

[美] 罗伯特·费希尔（Robert Fisher）著
温旻 译

为自己出征

机械工业出版社
CHINA MACHINE PRESS

（纪念版）

北京市版权局著作权合同登记　图字：01-2009-3592 号。

图书在版编目（CIP）数据

盔甲骑士：为自己出征：纪念版 /（美）罗伯特·费希尔（Robert Fisher）著；温昱译 . -- 北京：机械工业出版社，2025. 5（2025. 9 重印）. -- ISBN 978-7-111-78226-1

Ⅰ. I712.74

中国国家版本馆 CIP 数据核字第 2025T4A093 号

机械工业出版社（北京市百万庄大街 22 号　邮政编码 100037）

策划编辑：曹延延　　　　　　　　责任编辑：曹延延

责任校对：颜梦璐　王小童　景　飞　责任印制：单爱军

北京瑞禾彩色印刷有限公司印刷

2025 年 9 月第 1 版第 2 次印刷

130mm×185mm · 6 印张 · 1 插页 · 46 千字

标准书号：ISBN 978-7-111-78226-1

定价：49.80 元

电话服务　　　　　　　　　　　网络服务

客服电话：010-88361066　　　机　工　官　网：www.cmpbook.com

　　　　　010-88379833　　　机　工　官　博：weibo.com/cmp1952

　　　　　010-68326294　　　金　书　网：www.golden-book.com

封底无防伪标均为盗版　　　机工教育服务网：www.cmpedu.com

　　本书讲述的是一个颇有深意又幽默睿智的故事。乐读之人在闲暇之余，翻开书页，和骑士一道上路，体味骑士脱不下盔甲带来的痛苦、路途上的艰辛和有伙伴相随的喜悦，未尝不是一件乐事。随着故事的发展，感受骑士内心一点一滴的变化，苦中作乐，大彻大悟，最终如愿以偿后带来的释然和平静，可谓是一种别样的体会。

翻译这本书是一个愉快的过程。濒临崩溃的朱丽叶、力大过人的铁匠、语言精妙的小丑、渡人指路的梅林法师、乐于助人又调皮可爱的小松鼠和鸽子、洞明事理的国王，还有那只虚张声势的大怪龙，在作者的笔下个个活灵活现，性格鲜明。作为一名笑肌发达、控制力差的小译者，常常在码字之时不觉莞尔或者突然哈哈大笑吓倒众人。本书的作者罗伯特·费希尔笔调轻松诙谐，本书的译文在忠于原文的基础上，也尽量在遣词造句中体现作者的风格。

衷心地希望各位读者像我一样喜欢这本书，也许读到最后你会像骑士一样学会放开"执"，用"大智慧"体验人生的美妙之处。

　　本书的翻译主要是由温旻完成的。由衷地感谢在翻译工作中给予我大量帮助和指导的师长和朋友——王正、刘秀彩、宁霞以及热心启发我的各位同仁。

　　谢谢家人和朋友的支持与理解。

　　感谢出版社的各位工作人员，谢谢你们对我的帮助和信任。

　　谢谢各位爱书的朋友。

　　翻译工作让我感到充实、快乐。

温　旻

目录

The
Knight
in
Rusty
Armor

译者序

第一章　骑士的难题　/1

骑士是王国里最英勇的战士，他身披闪亮的盔甲，斩杀恶龙、拯救少女，坚信自己是个善良正义的英雄。然而，他的盔甲渐渐成了束缚，他穿着它吃饭、睡觉，甚至忘记了自己本来的模样。妻子朱丽叶和儿子克里斯只能通过画像回忆他的脸，家庭在冰冷的金属下逐渐疏离。当朱丽叶要求他脱下盔甲时，骑士惊恐地发现，盔甲已与他的身体融为一体，再也无法脱下。绝望中，他踏上寻找解脱的旅程。

第二章 法师的森林 / 25

骑士在幽深的森林中迷失方向，饥渴交加，濒临崩溃时遇见了智者梅林法师。梅林点醒他，盔甲是他因恐惧而穿上的屏障，唯有停下奔波的脚步，学会倾听与静思，才能找到解脱之道。骑士起初抗拒，但在梅林和森林里动物的照料下，他逐渐接受"人生之水"的苦涩与甘甜，开始直面内心的脆弱。

第三章　真理之路　/ 57

骑士决心为摆脱盔甲踏上真理之路，梅林指引他：这是一条需要勇气与自省的险途。他必须放下剑——象征武力与旧我，在松鼠和鸽子的陪伴下前行。途中，他因悲伤的泪水锈蚀了面罩，第一次感受到真实的情感流动。梅林告诉他，眼泪是打破盔甲的第一步。

第四章　寂静之堡　/ 81

骑士进入寂静之堡，空旷的房间里只有自己的回声。孤独中，他被迫倾听内心的声音，回忆过往的逃避与自私。当他承认"害怕孤单"时，一扇门打开；当他为伤害朱丽叶而痛哭时，泪水冲垮了又一道屏障。最终，他遇见内心真实的"萨姆"——那个被盔甲掩埋的自我。

第五章　知识之堡　/ 111

黑暗的城堡中，骑士必须用"知识之光"照亮前路。他反思自己对妻儿的"需要"大于"爱"，并意识到：不爱自己，便无法爱他人。镜中，他第一次看见盔甲下那个完美而真实的自己。梅林现身，教导他区分"贪婪的抱负"与"发自内心的愿望"。当骑士发誓遵从本心时，城堡消散，盔甲再次脱落。

第六章　志勇之堡　/ 149

最后一座城堡前，喷火的恶龙象征恐惧与疑惑。骑士屡次退缩，直到领悟"龙只是幻觉"——恐惧源于对自我的不信任。他直面恶龙，而恶龙因他的勇气逐渐缩小，最终消失，城堡也随之崩塌。

第七章 真理之巅 / 167

濒临山巅，骑士必须放手坠入深渊，放下所有执念。在坠落中，他彻底接纳了对自己人生的责任，继而奇迹般与天地融为一体，盔甲被热泪熔化。此刻的他，不再是那个身披盔甲的骑士，而是充满爱的存在。他终于找到了真正的自我，发现自己本就是光，开启了全新的人生。

第一章

骑士的难题

The
Knight
in
Rusty
Armor

很久很久以前，在一个遥远的地方，住着一位骑士。这位骑士认为自己是一个关爱他人又心地善良的好人。像所有正义、善良又有爱心的骑士那样，他与邪恶、卑鄙的敌人战斗，杀掉恶龙，拯救身陷危难的美丽少女。渐渐地，他习惯了行侠仗义，即使没有少女遇难，他也会跑去拯救人家。所以，虽然有许多女子对他心存感激，但对他心存不满的女子也不在少数。对于这一点，他倒是很乐观——毕竟，没法让人人都满意。

骑士的盔甲使他威名远扬。这副盔甲明亮耀眼，闪闪放光，村民发誓说当骑士穿着这套盔甲骑着马去征战的时候，他们曾看到太阳从北边升起，或者从东边落下——其实那不过是骑士飞奔的身影。骑士时常策马征战，只要有需要冲锋陷阵的事情，他就会急切地套上闪闪发光的战甲，跨上他的马，奔向需要他的地方。事实上，他是如此急切，以至于有的时候他会一次奔赴数个需要他的地方——这种功绩可不是伸伸胳膊、蹬蹬腿儿就能完成的事情。

很多年以来，这位骑士努力征战，一直位列整个王国的骑士之首。总有等着他凯旋的战斗，总有需要他斩杀的恶龙，或者总有需要他拯救的少女。

骑士有位忠贞、宽容的妻子——朱

丽叶，她会写优美动人的诗歌，而且语言机智，很喜欢品洒。骑士还有个年纪不大的儿子克里斯，克里斯长着满头金色的卷发，希望自己长大后能成为一名勇敢的骑士。

朱丽叶和克里斯几乎没有什么机会和骑士相处，因为骑士不是在战斗，就是在杀恶龙；不是在拯救少女，就是在穿着盔甲自我陶醉。随着时间的流逝，骑士越来越迷恋他的盔甲，不仅穿着盔甲用餐，而且经常穿着盔甲上床睡觉。过了一段时间，他嫌穿穿脱脱太麻烦，干脆一天到晚穿着盔甲，连家人都逐渐忘记了他不穿盔甲是什么样儿。

克里斯偶尔会问妈妈："爸爸长什么样儿？"每次克里斯问到这个问题的时候，朱丽叶就把儿子领到壁炉前，指着壁炉上挂的一幅骑士的画像叹息："画像上的人就是你爸爸。"

一天下午，克里斯凝视着骑士的画像对妈妈说："我希望能看看真实的爸爸。"

"你不能什么都想要！"朱丽叶突然厉声呵斥道。长久以来，只能靠一幅画像来回想丈夫的脸，她的容忍度已经达到了极限，就连晚上睡觉时也常被盔甲的哐啷哐啷声吵醒，她受够了。

骑士在家中自我陶醉之余，常会长时

间地自言自语，歌颂自己曾经的壮举。朱丽叶和克里斯很少能跟他说句话。如果他们跑去和骑士说话，骑士会把头盔上的面罩关紧，或者很没礼貌地闭起眼睛来装睡，总之就是拒之不理。

终于有一天，朱丽叶和骑士摊牌说："我觉得你爱你那套盔甲胜过爱我。"

"不是你说的那样。"骑士说道，他说话时手臂一动，带着盔甲哐啷作响，"我把你从恶龙手中拯救出来，让你住在城堡里，给你稳固、舒适的家，这还不够说明我有多爱你吗？"

透过骑士头盔面罩上的缝隙，朱丽叶

的目光搜寻到骑士的眼睛。朱丽叶看着骑士的眼睛说道："你爱的是你自己的英雄行为。那时的你其实并不爱我，现在的你其实也不爱我。"

"我是真的爱你。"骑士坚持说道。穿着全副盔甲的骑士哐啷一声抱住了朱丽叶，沉重、冰冷、坚硬的盔甲差点儿把朱丽叶的肋骨压断。

"那就脱下盔甲，让我看到真正的你！"朱丽叶说出了她的要求。

"我不能脱下盔甲，我必须时刻准备着骑上马去需要我的地方。"骑士解释道。

"如果你不脱下盔甲，那么我就带上

克里斯，骑上我的马，离开你。"

　　这对于骑士来说是个突如其来的打击。他不想朱丽叶离开他。他是真心爱朱丽叶和他们的儿子，真的喜欢他们现在的家。另外，他也钟爱自己的盔甲，因为这套盔甲让大家知道他是谁——一位正义、善良又有爱心的骑士。为什么朱丽叶就看不到他的这些优点呢？

　　心情烦躁的骑士"哐啷哐啷"地走向他的书房，陷入了思考。最后，他做出了一个决定，继续穿着盔甲而失去朱丽叶和克里斯是不明智的，他必须脱掉盔甲。

　　他开始极不情愿地伸出手，打算脱下

盔甲。盔甲纹丝不动！他用力扯，盔甲依然如故。沮丧的骑士又试着掀起面罩，但是面罩卡住了，一动不动。他一次又一次地拉扯面罩，但是一丁点儿作用都没有。

骑士焦虑地来回踱步。怎么会这样呢？头盔卡住不动情有可原，因为他已经好几年没有摘下过头盔了，但是这与面罩无关啊。他每天都掀起面罩吃饭喝水。为什么现在面罩纹丝不动呢？就在今天早上，他还掀起面罩来饱餐了一顿炒蛋和烤乳猪呢。

突然，骑士的脑海里闪过了一个念头。没有惊动任何人，也没说他去哪里，骑士匆匆地出门去找住在城堡附近的一名铁匠。骑士到铁匠铺子的时候，铁匠正在徒手把一个马蹄铁扳成他想要的形状。

"铁匠师傅，"骑士开口说道，"我有个麻烦。"

"先生，您自己就是个麻烦。"机智的铁匠像往常一样讽刺了骑士一句。

骑士平时倒是喜欢和铁匠开开玩笑，但是这次可不一样，骑士瞪起了眼。"我现在没心情和你开玩笑，"骑士大声说，"我的头盔摘不下来了。"骑士一边说，一边气愤地跺他那穿了大铁鞋的脚。一个不留神，他的大脚不偏不倚地踩在了铁匠的大脚趾上。

　　铁匠大叫一声，全然忘了骑士是他的主人这回事儿，挥起手中的马蹄铁"咣"的一声命中了骑士的头部。骑士的脑袋挨了这么一下，也只是觉得有点儿疼而已。头盔仍是纹丝不动。

　　"再来一次。"骑士用命令的口气说道。铁匠又气又疼，听到这话，欣然从命，而骑士完全没有意识到这一点。

　　"荣幸之至。"铁匠应道，随手拿起身边的一把铁锤。带着一股要替被骑士的铁鞋踩过的大脚趾报仇雪恨的劲儿，举起铁锤，对准骑士的头盔挥了上去，这一锤竟然没能在头盔上留下个印儿。

骑士崩溃了。铁匠是现在王国里最
强壮有力的人了。如果他都不能让骑士身
上的盔甲动个一分一毫，那么还有谁能办
到呢？

　　铁匠是个心地善良的好人，当然了，
大脚趾被踩的那会儿除外，他感觉到骑士
的恐慌，也很同情骑士。"骑士先生，您
这情况可不好对付啊，不过，您也别放弃
希望。明天等我歇好了您再来一趟吧。今
天不巧，我刚好累了一天，没力气了。"

　　"好吧。"骑士说完转身离开了。

　　那一天的晚餐让人尴尬。朱丽叶把弄
碎的食物穿过面罩的缝隙一点一点地用叉

子喂给骑士吃。朱丽叶越来越气恼，每喂一次，她的脸色就更难看一些。晚餐吃到一半的时候，骑士告诉了朱丽叶铁匠帮他弄开盔甲未果的事情。

朱丽叶怔了一下，拿起还剩下一半炖鸽子肉的盘子。"我不相信你说的话，你这个铁壳石头心的家伙！"她大声说完，用力把手里的盘子扣在了骑士的头盔上。

骑士没感到一丁点儿疼痛。当肉汁顺着面罩上的缝隙流到里面去的时候，骑士才意识到他的头被打中了。那天下午，铁匠那重重的几下子他也没什么感觉。现在细想起来，这都是因为他的盔甲让他什么也感觉不到了。而且，盔甲已经终日不离

身多年，他早忘了不穿盔甲的感觉。

　　骑士很难过，因为朱丽叶不相信他真
的努力想要把盔甲脱下来，他是认真的。
随后的几天，骑士去找过铁匠好多次，试
了各种办法，但是都失败了。时间一天天
过去了，一次次的失败让骑士越来越消
沉。这段时间，朱丽叶对骑士越来越冷
淡了。

　　最终，骑士接受了铁匠再努力下去也
只能是徒劳的事实。"整个王国里最强壮
有力的人啊！你竟然连这堆破铜烂铁都敲
不动！"骑士沮丧地嚷道。

　　当骑士回到家的时候，朱丽叶爆发

了，她高声说："你的儿子只能看到你的画像，却见不到你本人，我也受够了总是对着面罩说话，我以后再也不会隔着那个烦人的东西喂你吃饭了。我已经受够了！"

"盔甲脱不下来不是我的错，"骑士哀声说道，"我是不得不穿着盔甲以便随时出战，要不然我怎么能让你和克里斯住上舒适的城堡呢？"

"你才不是为了我和儿子，"朱丽叶气愤地说，"你是为了你自己！"

骑士觉得他的妻子仿佛已经不再爱他了，他伤心极了。假如他不快些想办法把盔甲脱掉的话，他怕朱丽叶和克里斯真的会离他而去。他明白自己非得把盔甲脱掉不可，可他又无从下手。

骑士一个一个地排除了那些行不通的想法，很明显，有些计划会让骑士搭上性命。用烈火熔化盔甲，跳入冰河冻裂盔甲，或者用大炮把盔甲从身上轰下来——这些都不是正常人会选择的做法。既然在骑士自己的国家里找不到解决的办法，骑士决定去其他地方寻找。他相信，在这个世界的某个地方，一定有个人知道怎么才能把这套盔甲脱下来。

骑士知道他肯定会想念朱丽叶和克里斯，另外，骑士也舍不得离开他那漂亮、舒适的城堡。他更怕在他离家的时候，朱丽叶会与别的骑士萌生爱意。谁知道会不会有一名愿意脱下盔甲睡觉，而且更适合当克里斯父亲的骑士冒出来，顶替他在朱丽叶心目中的位置呢？但是，他的内心告诉他，别无选择，必须离家。

一天清早，骑士骑上了马悄悄地离开了家。他不敢回头，他怕看一眼就会让他动摇。骑士在离开的路上要顺道先去拜别一直善待自己的国王。国王的城堡在王国里最好的一块土地的山顶上，看上去既宏伟又庄严。骑士策马经过通往王城的吊桥时，看到宫廷小丑在盘腿坐着吹笛子。

小丑叫乐乐口袋，他之所以叫这个名字，是因为他总是随身带着一个好看的彩虹色口袋，口袋里装着各种各样引人发笑的小玩意儿。有给人算命的奇怪卡片，有能按小丑的心意出现和消失的五颜六色的珠子，还有会配合小丑表演打趣观众的小木偶。

"你好，乐乐口袋，"骑士说道，"我是来向国王道别的。"

小丑抬起了头，对骑士说：

"国王早起已离开，切勿空等莫徘徊。"

"国王去哪里了？"骑士问道。

"国王出征归期迟，你若傻等定误事。"

无法与国王道别让骑士感到很遗憾，不能随国王出征让骑士觉得心里不安。"哦，"骑士叹气道，"国王出征回来的时候，恐怕我已经是困在盔甲里的饿死鬼了。"他觉得自己好像要从马鞍上滑下去了，但是他的盔甲拖住了他。

"骑士是个大笨蛋，遇到难题就完蛋。"

"我现在没心情听你编俏皮话取笑我，"骑士怒道，"你就不能把别人的事儿当回事儿吗？哪怕一次也好！"

乐乐口袋用清澈的嗓音，充满感情地唱道：

"人人皆困盔甲中，只因盔甲处处有。"

"如果换成是你穿着一身脱不下来的盔甲，你就不会这么唱了。"骑士粗声抱怨道。

乐乐口袋机智地答道：

"各人皆有难念的经，相较而言此物轻。"

"我没时间在这儿听你说废话，我必须找到脱下盔甲的办法。"说完，骑士行礼致意，催马上路。

小丑见骑士真的要离去，叫住了骑士：

"骑士莫着慌，有人能帮忙。"

听到小丑的话，骑士眼睛一亮，勒马停住，调头回到了小丑面前。"你知道有人能帮我把盔甲脱掉？是谁？"

"梅林法师本领大，见他盔甲将脱下。"

"梅林？我听说过的唯一一位叫这个名字的人是个伟大的人物，是亚瑟王智慧过人的导师。"

"梅林大名世人知，我言即是此导帅。"

"这不可能！"骑士惊呼道，"梅林法师和亚瑟王是很久以前的事情了。"

"梅林健壮如故，住在森林深处。"

"但是，森林这么大，我怎么找他呢?"骑士说。

"只说林深寻觅无期限，却道机缘到时人自现。"

"嗯，我可不想等着梅林法师现身，

我要自己找到他。"骑士斩钉截铁地说。骑士弯腰与小丑握手以表达自己的感激之情，结果小丑的手却差点儿被骑士戴着护甲的大手给握碎。

乐乐口袋疼得叫了出来，骑士马上放开了他的手。"啊，对不起。"

小丑揉着自己淤青的手指说：

"他日盔甲离身时，感同身受他人苦。"

"我走了！"骑士扬鞭离开，并没在意小丑的话。他的心中升起了新的希望，策马飞奔去找寻梅林法师。

The
Knight
in
Rusty
Armor

第二章

法师的森林

找梅林法师可不是一件轻而易举就能做到的事情。林子非常大，好像没有边际似的。可怜的骑士日夜不停地骑着马在林子里找梅林法师，他的身体越来越虚弱了。

在一路颠簸中，骑士意识到他的知识是多么有限，他对很多事情一无所知。以前骑士一直认为自己聪明过人，但现在他觉得自己是在这个大林子里苦苦求生的可怜虫，聪明劲儿都不知道跑到哪里去了。

骑士很不甘心地承认自己甚至不知道怎么分辨哪些是有毒的浆果，哪些是可以食用的浆果。每次骑士在决定要不要把找来果腹的食物放进口中时都觉得，这一口是在拼上小命撞大运。喝水也好不到哪里去，一样让骑士觉得搞不好就会有性命之忧。骑士试过把头伸进小溪中饮水，但这样做的结果是他的头盔里会立刻灌满水，有两次他差点儿就这样把自己给淹死。这样吃不好、喝不到的情况还不算是很糟糕，更糟的是骑士自从进了林子之后就一直迷路，他分不出东西南北，所幸，他的马儿分得很清楚。

骑士不分昼夜地寻找，却都是徒劳，骑士垂头丧气、十分沮丧。虽然他已经走了很长的路，但是到目前为止，他连梅林法师的影子还没看见过。让骑士感觉更糟的是，他甚至不知道一里路是多远。

有一天清晨，骑士醒来的时候感到比平时更虚弱，就在那一天骑士遇见了梅林法师。骑士一眼就认出了眼前的人是梅林法师，梅林法师端坐在一棵树下，身上穿着白色的长袍，树林里的各种动物围着他，鸟雀停在他的肩膀和手臂上。骑士无力地摇了摇头，他的头盔吱吱嘎嘎地响了响。怎么这些动物找到梅林法师这么容易，我找到梅林法师就这么难呢？

疲倦不堪的骑士从马上下来，说道："我一直在找你，我已经在这个林子里到处乱转好几个月了。"

"你的整个人生就像是一个迷失的人在到处乱转。"梅林法师说完，咬下一小块胡萝卜，分给了最近的一只兔子吃。

骑士僵住了："我这么大老远地来找你，可不是为了被羞辱的。"

"也许问题在你，是你总把别人对你说的实话当作对你的羞辱。"梅林法师说完把剩下的胡萝卜分给了身边其他的动物。

骑士不喜欢听这话，但是他太虚弱了，没有力气爬上马背，更没有骑马离开的力气。他拖着禁锢在盔甲里的身躯坐在草地上，哐当一声靠在背后的一棵大树上。

梅林法师同情地看着他，开口说道："你真是幸运至极，现在的你累到不能再忙着到处奔波了。"

"你说这话是什么意思？"骑士愤怒地问道。

梅林法师的脸上露出了微笑。"一个人无法一边忙着到处跑，一边学习。这个人必须得停止奔波，待在一个地方，花些时间静下来。"

骑士抬起一只戴着护甲的手，伸出一根手指指着大地："我只要待到知道怎么摆脱这身盔甲的时候。"

"一旦你想明白了怎么脱下身上的盔甲，你就再也不用骑上马背四处征战了。"

　　骑士没有气力与法师争执下去了。不知是什么原因，骑士的身体感到一种轻松、舒服袭来，一眨眼的工夫就闭上眼睛睡着了。

　　当骑士醒来的时候，他睁开眼看到梅林法师和动物们正围在他身边。骑士挣扎了一下，想坐直，但是他太虚弱了，没有力气挪动一丝一毫。梅林法师递给骑士一个银杯，银杯里盛满了颜色奇怪的液体。"给你的，把这个喝下去吧。"

　　"这是什么？"骑士疑惑地看着杯子里的液体问道。

　　"你害怕了，"梅林法师说道，"是啊，

这就是你要穿上盔甲的首要原因。"

骑士没有反驳法师的话，他什么也没有说，他太渴了。"好，我喝。从面罩的空隙倒进来吧。"

"我才不呢，"梅林法师说道，"这么珍贵的东西，不能浪费。"说完，梅林法师拽了一根芦苇，把一头放在杯子里，把另一头顺着骑士头盔上的空隙塞进了头盔里。

"这办法真不错！"骑士脱口而出，接过了银杯。

"我把这个叫作吸管。"梅林法师简单地回答道。

"为什么？"

"为什么不呢？"

骑士耸了耸肩，含住芦苇，把银杯中的液体吸进了口中。最初几小口的口感是苦的，之后的味道渐渐好了起来，最后咽下的一点儿不但不苦反而非常可口。骑士心存感激地把喝空的杯子递还给了梅林法师。"你应该拿它去集市上卖钱，一定会大受欢迎的。"

梅林法师的嘴角露出了微笑。

"我喝的是什么？"骑士问道。

"人生之水。"梅林法师答道。

"人生之水？"

"对。你是不是一开始喝的时候觉得好像有点儿苦味呢？之后，随着你一口一口地喝下去，它的味道是不是越来越好了？"

骑士点了点头，说道："对，而且最后几口格外好喝。"

"当你接受它的时候，你会尝到它的甘美之处。"

"你的意思是，当你坦然接受命运的时候，人生就会变得美好起来吗？"

"难道不是吗？"梅林法师扬起一边的眉毛，带着笑意反问道。

"你是指望我会接受脱不下这副盔甲的现实吗？"

"哦，"梅林法师说，"你可不是穿着盔甲出生的，是你自己要穿上盔甲的，你有没有问过自己为什么呢？"

"为什么不啊？"骑士生气地反问道。骑士觉得头开始痛了，他不习惯用这样的方式想问题。

"你身体恢复后，思维会变清晰的。"梅林法师说道。

说完，梅林法师拍了两下手，一群嘴里叼着坚果的小松鼠从旁蹦了出来，在骑士面前站成了一列。小松鼠挨个儿爬上骑士的肩膀，咬开坚果壳，嚼碎坚果，再把嚼过的坚果从头盔的缝隙里喂给骑士吃；兔子喂骑士吃它们嚼碎的胡萝卜；鹿喂骑士吃它们嚼碎的根茎和浆果。卫生局绝不可能批准这种喂骑士吃东西的方式。但是，对于一名身陷林中，身穿脱不下来的盔甲的骑士来说，还能有什么更好的办法填饱饿得咕咕叫的肚子吗？

动物们排着整齐的队，一个一个地上前去喂骑士吃东西，一旁的梅林法师给了骑士一大杯人生之水喝。骑士的身体渐渐恢复了，他开始觉得越来越有希望了。

骑士每天都问梅林法师同样的问题：

"我什么时候才能脱下这身盔甲啊？"而每一天梅林法师都给骑士同样的回答："要有耐心！这套盔甲在你身上待了很长时间，不可能轻而易举地一下子就脱下来。"

有一天晚上，动物们和骑士围在一起，听梅林法师用他的鲁特琴弹奏时下的民谣。梅林法师演奏完《那些骑士无畏姑娘矜持的旧时光》之后，骑士问了一个在他的脑海里转了很久的问题。"你真的是亚瑟王的老师吗？"

梅林法师的脸上露出了欣喜的表情："是，我教导过亚瑟。"

"可是，你怎么可能还活着呢？亚瑟

王是久远以前的人物啊！"

"当你与万物之源融为一体的时候，过去、现在、将来会归合为一。"梅林法师说道。

"什么是万物之源？"

"它是一种神秘、无形的能量，是一切事物的起源。"

骑士被梅林法师的话弄糊涂了："我不明白。"

"你不明白，是因为你在试图用头脑去认识、理解我说的话，但遗憾的是你的认识是有限的。"

梅林法师的话刺到了骑士骄傲的自尊心。"我这颗脑袋其实挺聪明的。"骑士用捍卫自己的口气说道。

"而且还很机敏,"梅林法师补充道,"就是它让你禁锢在盔甲里无法脱身。"

骑士对此无从辩驳,闭口不言。骑士想起梅林法师第一次见到他的时候对他说的话。"你说过我穿上盔甲是因为我害怕。"

"事实难道不是这样的吗?"

"不是,我穿盔甲是为了在战斗中保护自己,免于受伤。"

"也就是说,你穿上盔甲是因为怕自

己受重伤，或者被敌人杀死。"梅林法师重复了一遍骑士的意思。

"不是人人都这样做吗？"

梅林法师摇了摇头，说道："谁说你必须去战斗了？"

"我必须得证明给世人看，我是一个关爱他人又心地善良的好骑士啊。"

"如果你确实是一个关爱他人又心地善良的好骑士，那么你为什么还要证明给别人看呢？"

骑士不愿思考这个问题，他用一贯的逃避方式避开不理梅林法师的问题，他闭

上眼睛，渐渐进入了梦乡。

第二天早上骑士醒来的时候，一个奇怪的想法从他的脑袋里冒了出来。"你说，有没有可能，我不是一个关爱他人又心地善良的好骑士呢？"骑士问道。

"你自己是怎么想的？"梅林法师回答道。

"你为什么总是用问题来回答问题啊？"骑士小声说完，气鼓鼓地跺着脚走开了。"梅林那个家伙！"他嘟囔道，"有的时候他还真是够气人的！"

骑士砰的一声，靠着大树坐下，静下心来思考梅林法师的问题。我自己是怎么想的？"有没有可能，"骑士大声地自言自语道，"找个是个关爱他人又心地善良的好骑士？"

"有可能，"一个声音轻轻地对骑士说，"要不然你为什么坐在我的尾巴上呢？"

"啊？"骑士被吓了一跳。他往下一看，只见一只小松鼠正坐在他身边。骑士只看到小松鼠的身体，却看不到小松鼠的尾巴。

"哎呀，太不好意思了！"骑士一边说，一边抬起压住小松鼠尾巴那边的屁股，好让这个小家伙把尾巴抽出来。"希望没有压伤你的尾巴，我的头盔会影响视野。"

"毫无疑问你的头盔会影响视野。"小松鼠回答道,语气里并没有生气的意思,"所以你总得因为不小心伤到别人说对不起。"

骑士的风度一下子消失了,生气地说道:"比起那个自命不凡的万事通法师来,你这只松鼠更让人讨厌。我才不要待在这里听你的高见呢。"

骑士正努力想要站起来,突然吃惊地呆住了。他脱口而出:"啊!你和我刚才在交谈!"

"这是因为我心地善良,"小松鼠说,"考虑到你刚才坐在我的尾巴上这个事实。"

"但是动物不能说话啊！"

"当然能说话，只是人们不用心听罢了。"

骑士困惑地摇了摇头。"你以前和我说过话吗？"

"当然了，每次我咬开坚果从你头盔的缝隙里塞进你嘴里的时候，我都和你说话。"

"那么，为什么那时我听不到你说的话，但是现在我能听到呢？"

"我很欣赏你这颗喜欢问问题的脑瓜儿，"小松鼠笑着说道，"不过，你以前从没有经历过这样的事情吗？事情原本就该是这样，没有什么可大惊小怪的。"

"你是在用问题回答我的问题。你在梅林法师的身边待的时间太久，已经被他同化了。"

"你在他身边的时间还不够长。"小松鼠用尾巴轻轻地拍了拍骑士，然后轻快地爬上了树。

骑士叫住小松鼠。"等等！你叫什么名字？"

"我叫松鼠。"它回应道。随后，小松鼠的身影消失在了树顶的枝丛之中。

还在迷糊之中的骑士使劲儿摇了摇头，带得头盔哐哐作响。刚才发生的这一切都是他想象出来的吗？骑士开始担心是不是他精神失常了。就在这时，他看到梅林法师向他走了过来。"梅林法师，我必须离开这里，我刚才和一只松鼠交谈来着！"

梅林法师抬起双臂拍手表示祝贺："太好了。"

骑士十分困惑地问道："你说太好了是什么意思？"

"就是太好了的意思。你现在能够感觉到他人发出的信号，说明你逐渐对外界敏感了。这很好。"

骑士完全没明白梅林法师的话，因此梅林法师接着解释道："你和小松鼠没有用语言交谈，而是你感觉到了它发出的信号，然后你在心里把这些信号解读成了人类的语言。"梅林法师拍着骑士的肩膀说："我期待有一天你能够和花朵交谈。"

骑士生气地把梅林法师放在他肩膀上的手甩开。"我能和花朵交谈的那天是你把花种在我的坟墓上的那一天。我必须离开这片树林！"

"你打算去哪里呢？"

"回去，回到朱丽叶和克里斯的身边去。我离开他们已经太久了，我必须回去照顾他们母子俩。"

　　"现在你都照顾不了自己，又怎么能照顾他们俩呢？"梅林法师问道。

　　"可是，我很想我的妻子和儿子。"骑士悲哀地说道，"无论如何我都想回去和他们母子俩在一起，就算是像这样过一辈子也想要回去守在他们身边。"

　　"如果你脱不下盔甲，那么你就真的只能像这样过一辈子了。"梅林法师警告骑士说。

　　骑士看着梅林法师，为自己辩解道：

"我不想等到把盔甲脱下之后再回去。我现在就想回去，当个关爱他人又心地善良的好丈夫、好父亲。"

梅林法师点头表示理解骑士的想法。梅林法师告诉骑士，对于骑士的家人来说，骑士回去这件事情可能会是一件很好的礼物。但是，作为一件礼物，必须得对方愿意接受才行。否则，这件礼物可能会变成他人的负担。

"你的意思是他们可能不希望我回去吗？"骑士担心地问道，"他们肯定会再给我一个机会的。毕竟，我是王国里最好的骑士之一啊。"

"或者这盔甲比我们估计的还要厚重。"梅林法师和善地说道。

骑士想了很多。他想起朱丽叶总是抱怨他经常去战斗，抱怨他太在意他的盔甲，抱怨他紧闭头盔上的面罩，抱怨他总是转身去睡觉而对她不理不睬。"也许朱丽叶会不想要我回去，但是克里斯一定想要我回家去。"骑士大声说道。

"为什么不给克里斯捎个信儿，问问他的想法呢？"

骑士认为这个主意不错，他同意先问问克里斯的想法再动身。可难题是骑士要怎么给他的儿子捎信去呢？梅林法师指了一下站在他肩膀上的鸽子说:"它可以帮你把信带给克里斯。"

"它不知道我住在哪里。它只不过是只笨鸟而已,怎么能捎信给我的儿子呢?"骑士轻蔑地说道。

"我能分得清东西南北,"鸽子生气地说道,"比你强多了。"

骑士马上向鸽子道歉,他完全被震住了。他不仅与小松鼠和鸽子交谈,而且还在同一天把这两位给惹火了。鸽子是一只有肚量的鸽子,它接受了骑士的道歉,叼上骑士匆忙写好的信飞去送给克里斯。

"别和陌生的鸽子说话啊,要不然会

把我给克里斯的信给弄丢的。"骑士对着飞上天的鸽子喊道。

鸽子直接无视骑士这句不经大脑的话，飞远了。这位骑士大人需要学的东西太多了。

整整一个星期过去了，鸽子还没有回来。骑士越来越焦急，他担心鸽子被他和其他骑士驯养的猎鹰抓去当猎物了。他想自己怎么会掺和过如此邪恶的事情，为什么要驯养猎鹰去抓别的鸟儿呢？

梅林法师演奏完鲁特琴之后，又唱了一首叫《如果你心胸狭窄、铁石心肠，那么你的冬天会过得又寒冷又漫长》的歌。

骑士听完这首歌之后，向梅林法师倾诉了
自己的不安和担心。梅林法师为了让骑士
放心，即兴编了一句轻松的小诗：

"聪明伶俐的鸽子飞得快，
绝不会变成别人的下酒菜。"

忽然之间，动物们发出了一阵欢呼
声。所有的动物都向天空看去，梅林法师
和骑士也抬起头向天上望去。在高高的天
空上，盘旋着找落脚点的正是帮骑士去送
信的鸽子。鸽子落定在梅林法师的肩头，
骑士脚步凌乱地慌忙跑向鸽子这边。梅林
法师从鸽子的嘴中接过信，扫了一眼。他
语气沉重地告诉骑士这封回信是克里斯给

骑士的。

"给我看看!"骑士一边说,一边急切地抓过来克里斯给他的回信。骑士看着回信,目瞪口呆,嘴巴张得大大的,头盔哐地响了一声,他不敢相信眼前的这张纸就是克里斯给他的回信。"这上面一个字也没有!"骑士惊呼道,"白纸一张是什么意思啊?"

"这张白纸的意思是,"梅林法师轻声说道,"你的儿子对你的了解太少了,没法答复你。"

目瞪口呆的骑士一言不发,站在原地一动不动。过了一会儿,他痛苦地呻吟了一声，瘫坐在了地上。他努力想要忍住，不让眼泪流出来，因为身穿盔甲的骑士是绝对不能哭泣的。但是，在痛苦的重压之下，他的眼泪很快就决堤了。

最后，被积在头盔里的眼泪呛得半死的骑士疲惫不堪地沉沉睡去了。

The
Knight
in
Rusty
Armor

第三章

真理之路

骑士醒来时看到梅林法师在他的身边坐着。"我很抱歉，我的举动一点儿骑士风度也没有。"骑士说道。他垂下眼看到了自己那被眼泪浸湿的胡须，禁不住感到一阵恶心，说道："我的胡子全湿透了。"

"不必道歉，"梅林法师说道，"你刚刚跨出了脱下盔甲的第一步"。

"这话是什么意思?"

"你以后会明白的。"梅林法师说完站起身，接着说道，"是你该上路的时候了。"

这话让骑士摸不着头脑。他和梅林法师还有动物们在树林里生活得挺愉快的，而且，好像他也没有别处可去了。朱丽叶和克里斯显然不想要他回家去。当然了，他可以重操旧业，回去当骑士，继续到处征战的生活。他战绩过人，好几位国王非常希望有他这样的骑士为自己的国家效力，但对于现在的骑士来说，战斗似乎是件毫无意义的事情了。

梅林法师提醒骑士，他现在应该为之努力的新目标：脱下盔甲。

"为什么还要费那个劲儿呢？"骑士心灰意冷地说道，"我能不能脱下盔甲对朱丽叶和克里斯来说都无所谓。"

"那就为了你自己而脱下盔甲，"梅林法师说道，"背负着这身盔甲不能脱身给你带来不少麻烦，你这样的时间越久，问题会越来越多。你甚至可能会因湿胡子而患上肺炎死去。"

骑士反复思量了梅林法师的话。"我想我的盔甲已经成了一个大麻烦。我已经厌倦了无论去哪里都得穿着它的日子，我受够了每次都得吃被嚼过的食物。仔细想来，因为穿着这身盔甲，我背上痒的时候甚至都没法自己挠一下。"

"除了那些之外，你有多久没有感受过亲吻的温暖，没有闻到花朵的芬芳，或者清楚地听到优美的歌曲了？"

"我几乎想不起来了。"骑士哀伤地喃

喃说道，"你说得对，梅林法师，我必须
为了自己把这身盔甲脱下来。"

"你不能像以前那样思考，过以前的
生活了。就因为你有那样的想法，过那样
的生活，所以你才会给自己套上这个铁甲
盒子。"

"可是，我要怎么做才能改变这一
切呢?"

"困难是只纸老虎，你得下决心去做，
去改变。"说完，梅林法师扶起骑士，领
他来到一条路边。"这条路是你进树林时
走的路。"

"我进树林的时候没有沿着这条路走。

我迷路了，一连好几个月都是在树林里乱转！"

"人们常常意识不到他们脚下有路。"梅林法师说道。

"你的意思是这条路一直都在，只是我没有看到它？"

"对，要是你想的话，你现在可以沿着这条路回去，但是，如果你选择踏上这条路，那么你会走向欺骗、贪婪、憎恨、嫉妒、恐惧和无知。"

骑士愤怒地说道："你的意思是我以前是个满肚子欺骗、贪婪、憎恨、嫉妒、恐惧和无知的坏人？"

"有的时候，你是有点儿。"梅林法师回答道。说完，他抬手指向另一条路，一条陡峭崎岖的小路。

"那条路看起来很不好走。"骑士仔细观察了小路后说道。

梅林法师点了点头表示同意骑士的看法，接着对骑士说道："那条路，是真理之路。它通向远方的山巅，会越走越险峻。"

骑士毫无斗志地看着这条路，说道："我不确定这条小路是不是值得走。能告诉我到了远处的山巅上会得到什么吗?"

"山巅上会有你将不再拥有的东西，"梅林法师说道，"你的盔甲。"

骑士陷入了思考之中。如果他回到来时的路上，原路返回，那么他将无法摆脱盔甲，而且还有可能会死于孤独和疲劳。要想摆脱盔甲，似乎唯一的方法就是踏上真理之路，但是，他有可能在路途中遇上麻烦，在变幻莫测的半山腰就丢了性命。

骑士看着眼前崎岖的小路，又低下头看了看覆盖着全身的铁甲。

"好，"骑士决然地说道，"我要试一试这条真理之路。"

梅林法师微微地笑了笑，说道："身穿沉重的盔甲，踏上未知之旅，这是个需要很大勇气的决定。"

骑士知道他最好在自己改变主意之前立刻动身上路。"我去找我忠实的马来。"

"哦，不行，"梅林法师摇着头说道，"这条路上有些地段太窄，马匹根本无法通行，你只能徒步上路。"

骑士大吃一惊，顿时没了斗志，哐当一声坐在了一块大石头上。"我想我还是因为湿胡子而患上肺炎死去得了。"骑士说道。

"不是让你一个人去，"梅林法师对骑士说，"小松鼠会和你一起上路的。"

"你是想让我骑在小松鼠的背上上路吗？"骑士问道，一想到艰难的路途中有只会嘲讽人的小松鼠同行，他就害怕。

"可能你没法骑在我背上，"小松鼠说道，"但是在想要吃东西的时候，你会需要我帮忙的。还能有谁帮你把坚果咬碎塞进面罩里给你吃呢？"

鸽子从近旁的树上飞过来落在骑士的肩膀上。"我也和你们一起去，我去过那边的山巅，而且我还认识路。"

有这两只动物朋友乐意帮忙，骑士恢复了踏上艰辛长路的勇气。

嗯，这可真是非同寻常啊，骑士想。王国里最优秀的骑士从一只小松鼠和一只鸽子身上得到出征的勇气！他努力站起身来，向梅林法师示意他准备好开始这趟艰辛之旅了。

在他们即将踏上通往远方的小路时，梅林法师从脖子上摘下一把精致的金钥匙，交给了骑士。"前面会有三座城堡挡在你的去路上，这把钥匙能打开这三座城堡的大门……"

"我知道了!"骑士打断梅林法师的话抢着说道，"每座城堡里都会有一位公主，而我会杀掉看守公主的恶龙，拯救……"

"够了!"梅林法师厉声说道，"那里的城堡内没有公主。就算有公主等着你拯救，现在的你也不会有体力去拯救她们。

你必须得先学会拯救你自己。"

被训斥了的骑士一言不发地听梅林法师继续说："你在路上会遇到的第一个城堡叫作寂静之堡，第二个城堡叫作知识之堡，第三个城堡叫作志勇之堡。你进入任何一座城堡之后，都得在城堡内学会必须领会的东西之后才能找到走出城堡的路。"

这听起来可不如拯救公主那么有趣。此刻，这趟城堡之旅对骑士真没什么吸引力。"为什么我不干脆绕过城堡呢？"骑士问道。

"假如那样做，你会偏离正途，肯定会迷失方向。通往山顶的唯一一条路就是穿过三座城堡的那条路。"梅林法师不容置疑地对骑士说。

骑士凝视着远处陡峭、狭窄的小路，深深地叹了一口气。通向山顶的路隐没在低矮云层笼罩的参天大树之中。骑士感到这次的旅程将会比以前他经历过的任何一次征战都更困难。

梅林法师看出了骑士在想什么。"是的，真理之路上困难重重，困难的是要学会爱自己。"

"这要怎么学呢？"

"首先要学的是了解自己，"梅林法师指着骑士的剑说，"在这次的战斗里，胜

负与你手中的剑无关。你必须把剑留在
这里。"

梅林法师表情认真地看着骑士，过了
一小会儿，骑士拔出剑放在了梅林法师的
脚边。接着，梅林法师说道："当你遇到任
何无法克服的困难的时候，只要召唤我，
我就会出现在你面前帮助你。"

"你的意思是你可以出现在任何地方？"

"任何一位名副其实的魔法师都能做
到。"梅林法师不容置疑地说道。然后，他
消失了。

骑士惊讶不已。"怎么会……怎么会，
他怎么会消失了呢！"

小松鼠点了点头。"有的时候梅林法师会干出这种有点儿出格的事情。"

"再这样没完没了地说下去，你们会把精力都浪费在说话上的，"鸽子责备道，"我们上路吧。"

骑士点头表示赞同，带动着头盔也一起叮当响。

他们三个上路了，小松鼠走在前面，骑士跟在小松鼠的后面，鸽子站在骑士的肩头。鸽子不时地飞到前面探路，然后飞回来告诉同伴们前面的情况。

连续几个小时的跋涉之后，骑士疲惫不堪地瘫坐在了地上。他习惯了骑马，受不了长距离徒步，他现在觉得两脚酸疼。反正刚好此时天色已晚，鸽了和小松鼠决定就在原地过夜。

鸽子在树丛中飞来飞去忙着收集浆果，然后把收集来的浆果从头盔的缝隙里塞给骑士吃。小松鼠跑到附近的小溪边，用核桃壳装满水带回来给骑士用麦秆喝。骑士太疲劳了，没有等到小松鼠准备好给他吃的坚果就昏昏沉沉地睡着了。

第二天早上，刺眼的阳光把骑士唤醒了。骑士不习惯这样被弄醒，眯着眼睛遮住早上的阳光。因为时刻戴着头盔，骑士很久没有感受到这么强烈的阳光了。在他迷迷糊糊地想弄明白是怎么回事儿的时候，他发现小松鼠和鸽子在看着他，激动地欢叫不已。

骑士使劲儿坐直了身体，突然发觉自己的视野比昨天好了很多。除此之外，他能感到拂面而来的冷风了。他的面罩不见了！到底是怎么脱下来的呢？骑士仍感到不解。

小松鼠解答了骑士的困惑。"面罩生锈，于是脱落了。"

"可是，怎么会生锈的呢？"

"你看了克里斯空白的回信后流的眼泪让面罩生锈了。"鸽子欢快地说道。

骑士静下来，陷入了思考。那时的他

身处巨大的悲伤之中，他的盔甲无法保护他，也无法抵御这深深的痛苦。恰恰相反的是，他的眼泪反倒摧毁了包裹着他的铁甲。

"对，就是这个！"骑士兴奋地大叫，"发自真心的眼泪能让我脱下面罩！"

若干年来，骑士还是第一次这么快就做好整装待发的准备。"小松鼠！鸽子！我们快动身吧！"骑士高声喊道，"让我们继续前进，沿着真理之路走向胜利吧！"

鸽子和小松鼠都沉浸在欣喜之中，谁也没有告诉骑士他刚说的这句话听起来很傻。

骑士、鸽子和小松鼠继续向山上进发。对于骑士来说，这是格外愉快的一天。没有了头盔影响视线，骑士看到了透过树枝的斑驳阳光照射下空气中的微小颗粒。骑士从近处观察知更鸟，发现这些知更鸟的样子不尽相同，脸部有细微的差别。骑士把这一发现告诉了鸽子。鸽子很高兴听到骑士的这一新发现，欢快地上下飞舞，还咕咕地叫。"你开始看到不同种类生命的差别，这是由于你开始看到自己内在的变化了。"

骑士很想知道鸽子的话是什么意思。可是，骑士心底的那份骄傲让他问不出口——骑士当然应该比鸽子聪明。堂堂一名骑士不能比不上一只鸽子的见识。

正在此时，前去探路的小松鼠跑跳着回来了。"过了前面的一座小山，我们就到寂静之堡了。"

一想到很快就能看到路途上的第一座城堡了，骑士加快了脚下的步伐，盔甲随着骑士的步调哐哐当当一路高歌。骑士爬上了小山的山顶，上气不接下气。果然，隐约可见前方有座城堡矗立在路的中间，挡住了去路。骑士看到眼前的城堡，感到有些失望。他原以为会看到一座雄伟辉煌的建筑。但眼前的寂静之堡看上去只是一座普通的城堡，毫无特别之处。

鸽子笑了，说道："当你学会接受现实，顺其自然，而不是希望现实符合你的期待的时候，你就不会感到那么失望了。"

骑士点头表示赞同鸽子的高见。"我的人生之中大多数时候充满了失望。我还记得当我是个婴儿的时候，我躺在宝宝床里，想着我是世界上最漂亮的小婴儿。然后，我的保姆垂下眼看了看我，说：'你这张小脸儿，除了亲生母亲之外，谁也不会喜欢的。'我最终因为自己丑陋、不讨人喜爱而沉浸在了失望之中。此外，我对那位保姆的无礼也深感失望。"

"如果你真的接受你自己，认为你是个漂亮的宝宝，那么保姆说什么就都无所谓。无论她说什么，你都不会感到失望。"
小松鼠解释道。

　　骑士觉得这话有道理："我开始认为
动物的智慧超过人类了。"

　　"你能这么认为，这说明你和我们一
样有智慧。"小松鼠摇摆着它的尾巴说道。

　　"我可不这么想。这和有没有智慧一
点儿关系也没有。"鸽子说出了它的想法，
动物们接受现实，顺应自然规律，而人类
不接受现实，期望改变现实。你绝不会听
到一只兔子说，"我希望今天早上阳光灿
烂，这样我就能到湖边去玩了"。如果太
阳不出来，那么兔子也不会因此就感到这

一天被这个不如意给毁了。它会安心、快乐地继续当一只兔子。

骑士把这番话深思熟虑了一番。他想不起来有任何一个人因为自己是一个人，就能过得心满意足、无欲无求的。

他们走得离城堡越近，城堡在他们眼里就显得越大。当他们走到城堡的大门口的时候，骑士把挂在脖子上的金钥匙拿下来，插进了大门上的锁里。在骑士转动钥匙的时候，鸽子低声说道："我们不和你一起进去。"

刚刚学着关爱和信任这两个动物伙伴的骑士感到有些失望。他话到嘴边，又咽了下去，他又在期许了。

　　骑士的动物伙伴知道骑士对于进入城堡心存犹豫。"我们可以领你到门前，"小松鼠说，"可是，你必须独自穿过城堡。"

　　鸽子欢快地说道："我们会在城堡另一端等你出来的。"

　　骑士点了点头，深吸了一口气，推开了大门。

第四章

寂静之堡

The
Knight
in
Rusty
Armor

骑士小心翼翼地把头伸进了城堡的门廊。他的膝盖在微微地颤抖，带动他的盔甲发出低沉的嘎嘎声。虽然骑士已经进入了城堡，但他还是担心被鸽子看到自己心虚的样子。于是，骑士定了定神，抖擞精神，关上了身后的大门，大步向城堡里走去。他可不想让一只鸽子笑话他没胆量。有那么一小会儿，骑士真希望他没把剑留在梅林法师那里。可是，梅林法师告诉他这一路上肯定用不到屠龙的利剑，而骑士相信梅林法师的话。骑士走入城堡空旷、宽敞的前厅之中，他四处打量了一下这个地方。前厅之中除了巨大的石头壁炉里熊熊燃烧的火焰和地上铺着的三张地毯之外空无一物。他坐在离火炉最近的一张地毯上。很快，骑士发现关于这座城堡有两件事情非同寻常：第一件事情是，这间房子里没有门，好像也没有通向外面的出口；第二件事情是，这座城堡里安静得出奇，十分诡异。骑士发现眼前的火焰虽然在燃烧，却一丁点儿噼噼啪啪的声音都没有发出来。骑士原以为自己住的城堡已经算是安静的了，尤其是当朱丽叶几天都不和他说一句话的时候，但是，那种安静和此刻这座城堡里的异样寂静完全不一样。骑士想，这座城堡叫作寂静之堡真是名副其实啊。骑士平生第一次感到如此孤单。

突然，骑士听到背后传来了熟悉的声音，心里一惊。"你好啊，我的骑士。"

骑士转身，吃惊地看到国王正从房间的一角向他走来。

"国王陛下！"骑士惊讶地说道，"我，我没看到您。您在这里做什么呢？"

"和你正在做的事情一样，骑士，我在找通向外面的门。醒悟之前，无门无路。"国王说道。

骑士环顾四周："可我看不到这里有门。"

"当你悟出这间房子里有什么之后，你才能够看到通向外面的门。"

"我真诚地希望事情将如您所言，国王陛下，"骑士说道，"在这里见到您，我很惊讶。据说您是出征去了。"

"每次我来这条真理之路的时候，我都是这样告诉身边的人的，"国王解释道，"这样说会让臣民们更容易明白些。"

骑士一脸困惑。

"大家都能理解出征，"国王接着说道，"但是极少有人能理解什么是真理。"

"的确如此，国王陛下，"骑士附和道，"如果不是因为这套脱不下来的盔甲，我自己是不会主动来这里走一趟的。"

"我们中的大多数人都背负着脱不下来的盔甲，身陷其中，无法自拔。"国王说道。

"您这话是什么意思呢？"骑士问道。

"我们竖起屏障保护自己，然后有一天，我们发现竖起的屏障困住了自己，我们无法脱身了。"

"我从没想过您会陷在屏障之中无法脱身，国王陛下，您如此英明过人。"

听了这话，国王苦笑了起来。"我是很英明，所以当我无法自拔的时候，我知道我遇到了麻烦，需要到这里来寻找解决的方法，需要在这里倾听自己的声音。"

国王的话让骑士大受鼓舞。骑士想也许国王能指点他如何离开这里。"您看，"骑士的眼中闪着兴奋的光芒，他说道，"我们可以一起想办法离开这座城堡吗？两个人一起就不会感到孤单了。"

国王摇了摇头。"我曾经试过这个方法。的确，有人做伴的时候，我不会感到孤单，因为我和随从们可以不停地交谈，但是说话的人是无法看到通向外面的门的。"

"或许，我们可以安静地结伴而行，不说话。"骑士建议道。他不想孤身一人在这座寂静无声的城堡里找出去的门。

国王更加坚定地摇了摇头。"行不通，你说的方法我也试过。那样做只会让人觉得不那么空虚，但是一样使人无法看到通向外面的门。"

"但是，如果不出声……"

"安静，不仅仅是不出声那么简单。"国王说道，"我和同伴一起待在这座城堡里的时候，我发现在同伴面前我总是只表现出我最好的一面来。有人做伴的时候，我无法放下自己的屏障。同伴也好，我自己也好，都无法看到真实的我，无法看到我试图隐藏的是什么。"

骑士皱起了眉头，说道："我不明白。"

"你会明白的，"国王回答道，"当你在这里待的时间够长之后，你就会明白。要想脱下盔甲，必须独自一人。"

失望透顶的骑士大声说道："我不想自己一个人待在这里！"骑士一边说一边跺脚。一不留神，骑士的大脚重重地踩在了国王的大脚趾上。

国王疼得大叫一声，抱起被踩得肿起来的脚，跳着打转。

这下子让骑士恐慌难安。他之前踩到了铁匠的脚趾，现在又踩到了国王的脚趾。"十分抱歉，国王陛下。"骑士连忙道歉说。

国王揉着脚趾，说道："呃，没关系，比起你天天穿着盔甲的痛苦来，被踩一脚的痛不算什么。"说完，国王站定，深有同感地看着骑士说道："我明白你不想自己一个人待在这座城堡里。我一开始来到这里的时候，也和你一样，但是，现在我明白了，要想达到目的，离开这里，就必须单独一个人面对一切。"说完，国王一瘸一拐地穿过房间向前走去。"我得上路了。"国王说道。

骑士困惑不解地问道："您要去哪里呢？大门在这边呢。"

"那扇门只是进来的入口，离开这间房子的门在远处的墙上，就在刚才，我终于看到了。"

"您说终于看到了是什么意思？您不

记得以前这扇门在哪里吗？”骑士好奇地
问道。他不明白为什么国王会再三地回到
这里来。

"真理之路是无穷无尽的旅程。每一
次，我都会有新的感悟，发现新的大门。"
国王向骑士挥手道别，"珍重吧，我的
朋友。"

"请等一下！"骑士大声喊道。

国王回头看着骑士，慈祥地问道："还
有什么事情吗？"

骑士明白他没办法改变国王的决心，
只好问道："在您离开之前，能给我些建
议吗？"

国王想了一会儿："我亲爱的骑士，这对你来说是一次新的出征——一次史无前例的出征，你需要用上比你参加过的所有出征中用到的勇气之和更多的勇气才能取得胜利。如果你能振作起来，待在这里完成你的使命，那么这将是你最伟大的胜利。"

　　说完这番话，国王转过身，向着墙壁伸出手，仿佛打开了一扇看不见的门，然后整个人消失了。骑士无法相信自己的眼睛，目瞪口呆地站在原处。

　　骑士慌忙跑向国王消失的地方，希望在那里也能看到离开这里的大门。骑士仔细检查了一番，觉得怎么看这堵墙都是一面没有缝隙的实心墙，骑士开始在房间里四处踱步。城堡里唯一的声音是骑士踱步时盔甲发出的声音以及回音。

过了一阵子，在骑士的一生之中，他第一次感到这么消沉。为了让自己振奋起来，他唱了几首激发斗志的军歌：《亲爱的，我为你而战》和《头盔在哪儿，哪儿是家》。骑士唱了一遍又一遍，最终骑士唱累了，停了下来。时间停止了一般的寂静让骑士感到越来越难以忍受，无尽的寂静仿佛要把骑士包围起来吞噬掉一样。此时，骑士不得不坦诚地承认了自己以前从未面对过的事情：他害怕孤单。

就在这一刻，骑士看到房间里远处

的墙壁上出现了一扇门。他穿过房间走到门前，慢慢地把门推开，穿过这扇门进入了另一个房间。这个房间和上一个房间十分相似，只不过小一些而已，一样静悄悄的、毫无声响。

骑士想让自己舒服一点儿，于是走到壁炉边，守着炉火坐了下来。为了打发时间，骑士开始大声地和自己说话，他想到什么就说什么。他说起自己是个小男孩的时候是什么样子的，还有他和他认识的其他小男孩有什么不同之处。当其他男孩去捕鹌鹑和玩"小猪找尾巴"游戏的时候，他一个人待在房间里读书。因为那时的书都是修道士手写的，所以数量有限，于是不久他就读完了那里所有的书。之后，他开始殷切地对每一个他遇到的人讲述他学到的东西。没有听众的时候，他就讲给自己听——正如他现在这样。

　　骑士出乎意料地发现，在他的一生之中，他之所以一直不停地讲话，是因为：这样做他才不会感到孤单。骑士陷入了更深的思考之中。良久之后，骑士开口打破了寂静："我想，我其实一直以来都害怕孤单。"

　　在骑士说出这句话的同时，另一扇门出现了。骑士站起身，打开门，进入了另一个房间。这个房间比上一个房间更小一些，壁炉也更小，并且地上只有两块地毯。骑士坐在壁炉前，烤着火，开始接着思考。没一会儿，骑士就发现一直以来，他的生命都浪费在回顾过去和畅谈未来之中了。他从来没有抓住现在，快乐地活在当下过。

此时，另一扇门出现了。骑士穿过这扇门，进入了一个比上一个房间更小的房间，这个房间里的壁炉很小，而且地上只有一块地毯。

骑士为自己的进展而感到欢欣鼓舞。他第一次静静地、一动不动地坐在火焰前，倾听寂静。他忽然想到，在过去的人生中，大多数时间他都没有认真听过任何人的想法，也没有认真感受过任何事情。

瑟瑟飒飒的风声、滴滴答答的雨声、小溪
的潺潺流水声一直都在近旁，但是他从来
没有听到过。朱丽叶尝试向他诉说她的心
事的时候，他也没有认真听，尤其是当朱
丽叶伤心难过的时候，因为那会让骑士想
起他的不快。

事实上，他一天到晚穿着盔甲的原因
之一是盔甲可以帮他隔离开一部分朱丽叶
哀伤的声音。他只要合上头盔上的面罩，
就可以完全不用理会朱丽叶了。

与一个把自己包裹在铁甲里的人说
话肯定让朱丽叶感到十分孤独落寞，那感
觉就像骑士现在坐在这间坟墓般的房间里
一样。痛苦和寂寞，从骑士的内心涌了出

来。时间分分秒秒地过去了，骑士终于理解了朱丽叶的痛苦和寂寞。骑士在心里想，这些年以来，他一直让她生活在一座寂静无声的城堡里，他的眼泪涌了出来。

骑士哭了很久，流出的眼泪浸湿了他身下的地毯。眼泪流到壁炉边，浸湿了劈柴，熄灭了炉火。事实上，骑士的眼泪像洪水一样充满了整个房间，要不是有另一扇通向外面的门及时出现在了墙壁上，骑士会被自己的眼泪活活淹死。

筋疲力尽的骑士涉水来到墙边，打开了门，进入了下一个房间。这个房间比马厩大不了多少。"奇怪，为什么这些房间一个比一个小呢？"骑士大声地对自己说道。

"因为你正在接近自己的内心。"一个声音回答道。

骑士被这个声音吓了一跳，警觉起来，四处查看这个声音来自何方。这里只有他一个人，或者说他认为这里只有他一个人。那么，怎么解释刚才的那个声音呢？

"不是别人，是你自己。"那个声音又出现了。

那个声音似乎是从骑士的内心发出来的。有这种可能吗？骑士想。

"有这种可能，我是你内心真实的自己。"

"不可能，我就是真实的自己。"骑士反驳道。

　　"看看你自己吧，"那个声音用厌恶的语气说道，"身上穿着一副破铜烂铁似的盔甲，头盔不知跑到哪里去了，饿得半死，胡子湿漉漉地站在这里。如果你才是真实的自己，那么我们俩就都遇到大麻烦了！"

　　"现在你听我说，"骑士愤慨地说道，"这么多年以来，我从没听你言语过半句。现在我听到你说话了，你告诉我的第一件事情就是你才是真正的我。你为什么以前不出声呢？"

　　"这些年来，我一直都在，"那个声音

继续说道，"但这是第一次你能静下来听到我的声音。"

一种不安的感觉袭上了骑士的心头。"如果你才是真正的我，那么我算是哪个呢？"骑士不安地说道。

那个声音换了一种轻柔的语气回答骑士："你不能指望一次就把所有的事情都想通。你为什么不休息一下，睡一会儿呢？"

"好吧，"骑士说道，"但是，在我休息之前，我想先知道应该如何称呼你。"

"怎么称呼我？怎么会有这样的问题，我就是你啊。"

"我不可能称呼你为我，这样我会觉得混乱。"

"好吧。那你叫我萨姆吧。"

"为什么是萨姆？"

"为什么不是萨姆？"

骑士翻了翻白眼。"你一定认识梅林法师。"他低声埋怨道。骑士睡眠不足，倦意袭来，他的头垂了下来。骑士倒下躺在地板上，闭上眼睛，沉沉地睡去了，他睡得既安详又安稳。

当骑士醒来的时候，他发现自己不知身在何处。他只感觉到自己是存在的，其

他所有一切似乎都消失不见了。当骑士渐
渐地完全清醒后，他发现小松鼠和鸽子在
他的胸口上。"你们怎么进来的？"骑士
问道。

小松鼠笑着说道："不是我们进来了。"

"而是你出来了。"鸽子咕咕叫着说道。

骑士睁大眼睛，坐了起来。他惊讶地
四处看了一遭。确实没错，他现在回到了
真理之路上，只不过他此刻躺的地方是寂
静之堡的另一边。

"我是怎么出来的？"

鸽子回答道："唯一的可能就是你通

过静下心来思考找到了出来的路。"

"我记得我睡着之前在说话，是在和……"骑士说到一半不说了。他想告诉小松鼠和鸽子他遇到萨姆的事情，但是这事儿很难解释。除此之外，他觉得也可能那一切都是他想象出来的。骑士要考虑的事情可不少。他抬起手挠挠头，过了一小会儿，他才意识到他真的挠到自己的头皮了。骑士用两只手一起用力摸了摸自己的脑袋，虽然手上戴着护甲，但是骑士可以清楚地感觉摸到了自己的头。骑士的头盔不见了！骑士摸到了自己的脸，以及他那长长的、蓬乱的大胡子，仿佛是他第一次摸到一样，奇妙无比。

"小松鼠！鸽子！"骑士开心地大叫道。

"我们已经看到了，"小松鼠和鸽子一起愉快地说道，"你一定是在寂静之堡里又哭鼻子了。"

"我是哭了，但是整个头盔怎么会在一夜之间锈掉，然后无影无踪了呢？"

小松鼠和鸽子捧腹大笑起来。鸽子笑得上气不接下气，趴在地上扑打翅膀。骑士还以为鸽子发疯了。他要求对方解释到底有什么可笑的。

小松鼠先于鸽子止住了笑声。"你在城堡里待了不止一夜，你知道吗？"

"那么，我待了多久？"

"要是我告诉你，你在里面待的时间足够我收集 5000 个坚果，你会相信吗？"

"我会说你脑袋不正常了！"骑士说道。

"你在城堡里待了很长很长时间。"鸽子一边擦笑出来的眼泪，一边附和小松鼠说道。

骑士不敢相信自己竟然在城堡里待了那么久，惊得下巴几乎掉到了地上。他望向天空，大声喊道："梅林法师，我必须和你谈谈！"

梅林法师立刻出现了，就像他当初向骑士许诺的一样。梅林法师长长的胡子挡在身前，身上滴着水。很显然，骑士呼唤的时候，梅林法师正在洗澡。

"哦，呃……冒昧了，"骑士一边结结巴巴地说，一边把目光移向了别处，"不过，情况紧急！我……"

梅林法师抬起手，打断了骑士的话，说道："没关系，作为一名法师，这种事情经常发生。"梅林法师一边说，一边伸手挤干了长胡子上的水。"至于你的疑问，没错，你的确是在寂静之堡里待了很长时间。"

梅林法师总能让骑士震惊："你怎么会知道我要问你这个问题呢？"

"因为你中有我，我中有你。我了解

我自己，我也能了解你。"

骑士思考了一会儿："我开始明白了。你的意思是，我之所以能够感受到朱丽叶的痛苦，是因为我是她的一部分吗？"

"是的。那就是你能对她的痛苦感同身受，为她而哭泣的原因。那是你第一次为了别人而哭。"

骑士告诉梅林法师，他为自己感到自豪。梅林法师露出了慈爱的微笑。"一个人不必为自己是人类而感到自豪，就好像鸽子没必要因为它有一对可以在天空飞翔的翅膀而感到骄傲一样。鸽子生来就有翅膀，而你生来就有一颗感情丰富的心，

现在你的心被唤醒了，就像你本该是的
那样。"

"梅林法师，你每次都能轻而易举地
打击我。"

"我没想要对你严厉，你做得很好，
否则你不会遇到萨姆。"

骑士长舒了一口气："那么也就是说，
我确实听到他的声音了，是吗？那不是我
的幻觉吧？"

梅林法师哈哈笑了起来："不是幻觉。
萨姆的事情是真的，事实上，萨姆比你更
真实。你没有发疯，你开始倾听真实的自
己的声音了。那就是你意识不到时间飞快

地过去的原因。"

"我不明白。"

"你会明白的，等你穿过知识之堡后，就会明白了。"

没等骑士开口问下一个问题，梅林法师就消失不见了。

第五章

知识之堡

The
Knight
in
Rusty
Armor

骑士、小松鼠和鸽子接着上路，沿着真理之路向知识之堡前进。一天之中，他们只停下休息了两次，一次是停下吃东西，另一次是为了让骑士用护甲上的薄刃剃掉蓬乱的胡子和剪短他的头发。

修饰一番之后，骑士看起来精神多了，他自己也感觉好了很多，而且他感到现在比以前更自由了。因为没有了头盔这个吃饭的大障碍，骑士可以自己吃东西，不需要小松鼠帮忙了。对于之前由动物们帮他吃东西的权宜之计，骑士虽然觉得不雅，但是非常感激。随着对各种植物越来越熟悉，骑士能自己找各种果子和根茎果腹了。骑士再也不吃鸽子肉、各种禽类的肉以及其他所有的肉类了，因为骑士现在觉得吃动物的肉对他来说就像是吃朋友一样。

夜色降临之前，他们刚好翻过一座山头。抬眼望去，进入他们视线的是远处的城堡——知识之堡。这座城堡比寂静之堡雄伟，而且它那厚实的大门是用金子铸成的。这座知识之堡是骑士有生以来见过的最雄伟壮观的城堡，比骑士自己居住的那座城堡还要壮观。骑士看着这座令人赞叹的建筑，猜想到底是什么人设计了这座城堡。

正在此时，骑士的思路被萨姆的声音打断了。"知识之堡的设计者是宇宙——

一切知识之源。"

骑士听了这话感到很意外，此外，骑士很高兴再次听到萨姆的声音："你回来了，太好了。"

"事实上，我从来没有离开过。"萨姆说道，"请不要忘了，我就是你，我们是一体的。"

"好了，我不想再和你就此争论不休了。你觉得刮了胡子、理了发后的我怎么样?"

"这是第一次你被'修理'了，反倒看起来更精神。"萨姆冷淡地答道。

骑士开怀大笑，他喜欢萨姆的幽默

感。如果眼前的这座知识之堡和之前的寂
静之堡一样，那么骑士会很高兴有萨姆
同行。

　　小松鼠和鸽子跟在骑士左右，他们一
起穿过通向城堡的吊桥，站在了金色大门
的前面。骑士摘下挂在脖子上的钥匙，打
开了城门上的锁，推开了大门。骑士问鸽
子和小松鼠是不是会像上一次那样在城堡
的另一端等他。

　　"不，"鸽子说道，"寂静要独自一人
才能体会，知识却需要大家一起共享。"

　　骑士心想，真不明白人们怎么会认为
鸽子是一种安静、温驯的动物。

三个伙伴一起穿过了过道，接着就被一片伸手不见五指的黑暗包围了。骑士到处摸索了一遍，想找火把来照亮。一般，在城堡的门边都会安置火把照明指路。不过，这座城堡里可不是那样，一个火把都没有。大门用金子做的城堡里却没有火把？"就算是穷酸的城堡里也有火把。"骑士嘟囔着抱怨道。

小松鼠呼唤骑士，叫骑士过去。骑士小心翼翼地摸着找到了小松鼠。在黑暗之中，骑士看到小松鼠指着刻在墙上的一行发光的文字，他念道：

"知识是指引你出路的明灯。"

我倒宁愿手里有个火把，骑士心想。这个城堡的主人真是节俭有方啊！

萨姆说话了。"那行字的意思是，你知道得越明白，这里就会变得越明亮。"

"萨姆，我敢打赌你说的没错！"骑士说道。骑士话音刚落，些许微弱的光围绕着他出现了。

小松鼠又发现了另一处发光的文字，喊骑士过去。这次发光的文字是：

　　"你是否曾经错把需要当成了爱？"

仍然感到迷惑不解的骑士，用讽刺的

语气嘀咕道："我猜，我得先想出答案来，才会出现更明亮的光。"

"你上道上得很快。"萨姆回答道。

骑士不以为然地哼了一声："我没有时间玩提问回答的游戏。我想尽快过关，通过这座城堡，好到达山顶！"

"也许你该在这座城堡里学学'欲速则不达'。"鸽子建议道。

骑士现在没心情听从别人的建议，他不想听一只鸽子的高见。有那么一会儿，骑士想要试试看能不能就这么摸着黑，硬闯过去。可是，这座黑暗的城堡让骑士发怵，而且，没有了可以依仗的剑，骑士有点儿害怕。似乎除了解开刻在墙上的字的意思，别无选择了。骑士叹了口气，坐了下来。他又读了一遍那行发光的文字：

"你是否曾经错把需要当成了爱？"

骑士知道他是爱朱丽叶和克里斯的。虽然他不得不承认，在朱丽叶贪婪杯中之物，把酒桶喝干之前，他更爱她。

萨姆说道："的确，你爱朱丽叶和克里斯，但是，同时你不是也需要他们吗？"

"我猜是的。"骑士同意。他需要朱丽叶，不能没有朱丽叶的机敏和她的那些美丽的诗歌带给他的快乐。除此之外，假如没有朱丽叶为他做的一切，比如为他准备出征需要的食物，那么骑士会没法生活。

　　他回想起当自己不出名时，他和朱丽叶雇不起厨师和女仆、买不起新衣服的那些日子。朱丽叶自己动手为家人做好看的衣服，为骑士和他的朋友们准备可口的饭菜。骑士深情地回忆起朱丽叶还总能让城堡保持干净、整洁，老实说，他也给了朱丽叶不少需要打扫的城堡。如果骑士出征回来，钱财散尽，那么他们还得常常搬到便宜一些的地方去住。因为骑士经常在外参加骑士比武大会，所以大部分时候，朱丽叶得一个人操心搬来搬去的事情。拖着他们的家当，从一个城堡搬到另一个城堡，这让朱丽叶疲惫不堪。除此之外，在朱丽叶明白自己无法穿过盔甲，触摸到骑士本人的时候，她该是多么难过啊。

"正是从那时起，朱丽叶开始饮酒的吧？"萨姆问道。

骑士点了点头，眼里噙满了泪水。然后，突然一个可怕的想法出现在了骑士的脑海之中，他不想因自己做过的事情而自责。相对而言，他更倾向于因为朱丽叶无节制地饮酒而责怪她。事实上，骑士习惯了把一切都归咎为朱丽叶的错，包括骑士自己脱不下盔甲也是因为朱丽叶不好。

骑士意识到他竟然那么不公平地对待朱丽叶，想着，想着，骑士的眼泪流了下来。是的，他爱朱丽叶，但是更多的时候他是向朱丽叶索取而不是给她爱。骑士希望他对朱丽叶能爱得多一些，索取得少一些，可是，骑士不知道要怎么做。过了一会儿，骑士想到他对克里斯的需要也大于他对克里斯的爱。作为一名骑士，他需要在自己年迈体衰时，有个儿子以父亲的名义出征。这不表明骑士不爱他的儿子，因为骑士觉得克里斯的金发非常讨人喜爱。当克里斯说"爸爸，我爱你"的时候，骑士也感到幸福和快乐，但是，由于他喜欢克里斯的诸多优点，它们随之在他的内心产生了需要。

一个想法闪电般击中了骑士：他之所以需要朱丽叶和克里斯的爱，是因为他不爱自己！事实上，他需要那些被他拯救的少女的爱，以及那些他为之而战的人的爱，全都是因为他不爱自己。

骑士明白如果他不爱自己，那么他也无法爱别人。他哭得更厉害了。对他人索取爱是一大障碍。在骑士从心里承认这一点的那一刻，黑暗之中出现了一个光圈，一个美丽、明亮的光圈把骑士围了起来。一只手伸过来，轻轻地碰了碰骑士的肩膀。骑士含着眼泪抬起头，他看到梅林法师正在对他微笑。

"你发现了一个伟大的真理，"梅林法

师对骑士说，"你只有先爱自己，才能爱别人。"

"但我要怎么爱自己呢？"骑士眨了眨还含着泪的眼睛，问道。

"在你刚刚领悟了的时候，你就已经学会了。"

"我刚领悟到我是个大傻瓜。"骑士抽泣着说道。

"你不是傻瓜，你领悟到了真理，也就是爱。"

骑士的情绪渐渐平复，停止了哭泣。骑士的眼泪干了，他注意到了围绕着他的光圈。这种光骑士以前从未见过，看起来好像无根无源，却又无处不在。

和他心有灵犀的梅林法师告诉骑士："没有什么比自知的光更美。"

骑士起身退到黑暗之中问道："对你来说，这座城堡并不黑暗，是吗？"

"对，"梅林法师回答道，"不再是黑暗的了。"

骑士受到了鼓舞，踌躇满志地准备继续前进。骑士感谢梅林法师这次主动前来帮助他。

"小事一桩，"梅林法师说道，"人们

并不总能在需要别人帮一把的时候及时意识到自己需要帮助。"说完，梅林法师消失了。

"啊！对了！"鸽子兴奋地大叫了一声，"我有个东西让你看！"

骑士从没见鸽子这么兴奋过。它在骑士肩膀上跳来跳去，兴奋不已。在鸽子的指引下，骑士和小松鼠向一面巨大的镜子走去。"就是这个！就是这个！"鸽子高兴地大叫，眼睛里闪着兴奋的光芒。

骑士看了一眼镜子，失望地说道："不过是一面破旧的镜子罢了。来吧，我们走！"

"这可不是一面普通的镜子，"鸽子语气坚定地说道，"这面镜子照不出你外表的样子，但是，可以照出你内心的样子。"

这话激起了骑士的兴趣，接着，骑士犹豫了一下，他不想看到内心真实的自己。骑士从来就不喜欢照镜子，因为他从不觉得自己英俊威武。但是，在鸽子的催促下，骑士还是站到了镜子前。他在镜子里看到了自己的样子。让骑士吃惊的是，他在镜子里看到的不是一个高个子、眼神哀伤、鼻子硕大、除了脑袋之外全身都被盔甲包裹着的男人，而是一个既迷人又有活力、眼睛里闪现着爱与同情的男子。

骑士不解地皱起了眉头："镜子里的

人是谁啊？"

"是你啊。"小松鼠回答道。

骑士摇了摇头："这面镜子骗人，我不是镜子里的那个样子。"

"你在镜子里看到的是真正的你，"萨姆解释道，"活在这身盔甲之下的真正的你。"

"不过，"骑士又打量了一番镜子里的自己说道，"镜子里的人是个完美的家伙，他有一张纯真而又俊美的脸。"

"那就是盔甲下真正的你啊，"萨姆说道，"俊美、纯真又无可挑剔。"

"如果那是真正的我，那么我一定是倒了大霉，才会是现在这副样子。"

"说得没错，"萨姆同意道，"你在你的真情实感与自己之间设置了一层不可见的屏障。多年之后，它终于变成了永久的屏障，并显露出了它的形状。"

"或许，我的确隐藏了自己的感情，"骑士承认，"可是，我也不能想说什么就说什么，想做什么就做什么。那样的话，肯定没有人会喜欢我。"

骑士说完，顿了一下。他意识到，他这一生都在以一种自以为会让别人喜欢自己的方式活着。他想起他参加过的那些出征、他杀掉的那些恶龙，以及他拯救出的那些少女，这一切都是为了证明他是个关爱他人又心地善良的好人。

"我的天哪！"骑士大声说道，"我把一生都浪费了！"

"不对，"萨姆马上回答道，"你没有虚度人生，你是需要时间来理解、领悟。"

"我还是觉得想哭。"

"那样的话，就是浪费人生了。"萨姆说完，唱出了下面的话，

"自怜之泪惹人厌，盔甲丝毫不会变。"

骑士此刻没心情赞美萨姆的歌声，也没心情欣赏萨姆的幽默。"不要再用这种无聊的话打趣我了，要不然你就给我消失。"骑士怒气冲冲地说道。

"你是摆脱不掉我的，"萨姆得意地说道，"你我是一体的，你不记得了吗？"

此刻，骑士为了能让萨姆闭嘴，真想一枪结束了自己。不过，幸好那时候还没有枪这种东西。看起来，骑士是甩不掉萨姆了。

骑士再次看向镜子里的自己。镜子里的人也看着骑士，周身闪耀着亲切、关爱、怜悯、智慧和无私的光芒。骑士想了起来，如果他想要和镜子里的人一样，那是件很简单的事情，因为他一直就是镜子里的那个人，他也可以是个具有亲切、关爱、怜悯、智慧这些特质的好人。

骑士想到这里，发现围绕着他的光圈向四周散开，比之前更加明亮了。光照亮了整个房间，骑士惊奇地发现，这座城堡里只有这唯一一个巨大无比的房间。

"对于知识之堡，这种设计再合适不过了，"萨姆解释道，"真正的知识不需要分门别类，因为所有知识的根基都是真理。"

骑士骄傲地点了点头表示同意。就在他准备离开的时候，小松鼠跑了过来。"这

座城堡有个庭园，庭园的一角有一棵高大
的苹果树！"

"真的吗？快带我去！"饥肠辘辘的骑
士忙说。

骑士和鸽子在小松鼠的带领下来到了
城堡的庭园。粗壮的树枝上挂着沉甸甸的
果实，低垂下来。骑士第一次见到这么漂
亮的苹果，每一个都像闪着光芒的红宝石
似的。

"你觉得这些苹果怎么样？"萨姆俏皮
地说道。

骑士禁不住低声笑了起来。接着，骑
士注意到大树边的厚石板上刻着文字：

树上的果实，我可以无条件
地奉上，
　　但在这之前，你要学习抱负
和雄心。

　　骑士沉思了一会儿，不过老实说，没想出来这两行字是什么意思。骑士耸了耸肩膀，决定不理会这些字是什么意思了。

　　"如果你不想明白这些文字的意思，那么我们会永远待在这里，无法脱身的。"萨姆说道。

　　骑士低声抱怨道："这些刻在墙上和刻在石头上的文字越来越难了。"

　　"没有人告诉过你知识之堡这一关容

易过啊。"

骑士叹了口气，摘下一个苹果，和小松鼠还有鸽子一起坐在了大树下。骑士伸着头，看石头上的文字。"你们谁知道这些字是什么意思吗？"骑士问道。

小松鼠摇了摇头。

骑士又看向鸽子。鸽子也摇了摇头。"虽然我不知道这些字的意思，"鸽子若有所思地说道，"但是，我知道我没有任何抱负和雄心。"

"我也一样，"小松鼠附和道，"而且，我敢打赌，这棵大树也和我们一样。"

"小松鼠说的有道理，"鸽子说道，"这棵大树没有抱负和雄心，和我们两个一样。也许，你也不需要什么雄心吧。"

"对树木和动物来说，没有雄心抱负也无所谓，"骑士说道，"但是，假如一个人没有雄心抱负，那么会是什么样子呢？"

"快乐。"萨姆高声说道。

"不会，我想不对。"

"你们说的都没错。"一个熟悉的声音说道。

骑士转身看到梅林法师和动物们正站在他的身后。梅林法师穿着白色的长袍，手里拿着鲁特琴。

"我刚想要召唤您前来帮助我呢。"骑士说道。

"我知道,"梅林法师回答道,"遇到这样的事情,谁都会需要帮助的。大树对于自己是一棵树这件事情感到很满足,鸽子和小松鼠也一样。"

"不过,人类就不一样了,"骑士说道,"人类有思想。"

"我们也有思想。"小松鼠有点儿生气地说道。

"对不起。只不过人类的思想更复杂。

因为人类有错综复杂的思想，所以人类会想变得更好。"骑士解释道。

梅林法师随手拨动了几下琴弦，问道："变得比什么更好？"

"变得比他们现在更好。"骑士回答道。

"人类生来就俊美、纯真，堪称完美。什么能比这更好呢？"梅林法师问骑士道。

"不，我的意思是，他们想要变得比现在的他们更好，而且，他们想要变得比别人更好。正如，我总想成为王国里最出色的骑士一样。"

"啊哈，对，"梅林法师说道，"雄心

抱负来自复杂的思想，驱使你想要证明你比其他骑士更强。"

"那有什么不好吗？"骑士心存戒备地问道。

"如果其他骑士像你一样生来就俊美、纯真、无可挑剔，那么你怎么能比他们更出色呢？"

"努力尝试本身就会让我感到快乐。"

"你真的感到快乐吗？还是说，那时候的你忙着想要成为那个你期望中的自己，而无法快乐地当好那时的你自己呢？"

"你把我完全弄糊涂了，"骑士低声嘟

嚷道，"我知道人们需要有雄心，他们想要变聪明，想要舒适的城堡，还想要换一匹更好的马，他们想要出人头地。"

"你说的是人们对富有的渴望，可是，如果一个人本身已经兼备了亲切、关爱、怜悯、智慧和无私这些金子般的品质，那么这个人怎么能变得更富有呢?"

"呃，那些金子般的品质不能用来买城堡住，也不能用来买马匹骑。"骑士有点儿气愤地回答道。

梅林法师的脸上露出了微笑。"的确，富有分很多种——正如，雄心也分很多种。"

骑士耸了耸肩膀："对我来说，雄心

就是雄心。一个人要么想要出人头地，要么就是不想。"

"并非这么简单，"梅林法师解释道，"从思想里产生的雄心抱负能够带来舒适的城堡和骏马良驹。然而，从内心产生的雄心壮志却能够带来幸福、快乐。"

"什么是从内心产生的雄心壮志?"

"从内心产生的雄心壮志是纯洁的愿望。无须与人争夺，也不会伤害任何人。事实上，它于己于人都有益处。"

"请指点我该怎么做吧。"

"这就是我们能从苹果树身上学到的东西。"梅林法师说完，抬手指向大树，

"这棵大树郁郁葱葱，结满了甜美的果实，任人自由采摘。人们采摘的苹果越多，这棵树长得越好，这样于己于人都有益处。这棵树只是当好一棵树，尽一棵树该尽的本分而已：实现它的价值，造福世人。当人们从内心产生雄心壮志的时候，也会和这棵树一样。"

"不过，"骑士反驳道，"如果我整天坐着哪儿也不去，分给人们苹果，不要回报的话，那么我就不会有漂亮的城堡住，没法有好马骑。"

"就像大多数人一样，你想要的好东西很多。不过，区分开贪婪和必需是有必要的。"

"这话你试着对想要城堡周边环境更好的妻子说说看。"骑士咕哝着反驳道。

梅林法师被骑士的话逗笑了:"你可以把苹果摘下来,卖掉一些,换取更好的住处和马匹啊。然后,你可以把不需要的苹果送给需要的人们,让他们受益。"

骑士叹了一口气:"这事儿对树来说容易,对人来说难。"骑士很高深地说。

"只是感觉不同而已。你像大树一样汲取生命的能量,像大树一样需要水、空气和大地的滋养。我相信如果你向大树学,那么你也能够像大树一样硕果累累,而且你不久就会得到想要的马匹和城堡。

你认为呢?"

骑士挠了挠头,说道:"你的意思是,我只要待在自家后园,生根、结果,哪儿也不去,就能得到需要的一切?"

梅林法师哈哈大笑。"人类被赋予双腿,这样就可以到处走,不必待在一个地方。但是如果人们愿意时不时地静下来,用接受和感激的心对待事物,而不是四处奔波,以获取为目的,那么人们会明白什么是真正发自内心的愿望。"

听了梅林法师的话之后,骑士安静地坐下来,陷入了沉思。他仔细观察头顶上茁壮繁茂的大树。他看看小松鼠,接着看了看鸽子，然后看了看梅林法师。大树也好，动物也好，它们都没有自己的愿望，梅林法师的愿望很显然是发自内心的。他们每一个看起来都快乐、健康，都是美丽的生命。

接下来，骑士低下头看了看自己——瘦骨嶙峋、憔悴紧张，由于终日背负着重重的盔甲奔波而疲惫不堪。发自内心的愿望让骑士悟到了这一切，他知道他要改变这一切。骑士心潮澎湃，既然他已经失去了一切，那么，他还有什么可失去的呢？

"从现在开始，我的愿望将发自内心。"骑士发誓说。

骑士的话音刚落，城堡和梅林法师一

起消失不见了。骑士发现自己又回到了真
理之路上，身边是鸽子和小松鼠。路边清
澈的小溪，波光粼粼。骑士口渴了，跪在
地上，从小溪中取水解渴。当骑士看到自
己在溪水中的倒影时，他张大了嘴巴。原
本包裹着骑士四肢的盔甲已经生锈脱落
了，骑士的胡须又长得很长了。显然，知
识之堡与寂静之堡一样，也可以让人感觉
不到时间流逝得竟然如此之快。骑士思考
了一会儿这个不可思议的奇怪现象，突然
想起梅林法师说得没错。在一个人倾听自
己内心的时候，时间的确飞逝如箭。骑士
回忆起以前他在靠别人来消磨时光时经常
感到度日如年。

现在除了胸甲之外，盔甲的其他部分已经离骑士而去了，骑士若干年以来第一次感到身体如此轻快、矫健，他感觉自己好像年轻了好几岁。另外，骑士发现他也更喜欢自己了。这种感觉也是数年来第一次。

　　仿佛恢复了青春的骑士迈着轻快的步伐继续向前进发，他的下一个目标是志勇之堡。他们三个继续向前走去，鸽子飞在前面探路，小松鼠在骑士的身边跳跃着前进。

The
Knight
in
Rusty
Armor

第六章

志勇之堡

第二天清晨，他们到达了最后一座城堡。这座城堡比之前两座看起来更高，城墙也更厚实。充满自信的骑士认为自己一定也能穿过这座城堡。他迫不及待地踏上了通向城堡的吊桥。

当他们三个走到吊桥中间的时候，城堡的大门忽然爆开了，喷火的巨龙飞了出来，一身绿色的鳞片闪着寒光，一副能把人吓得魂不附体的凶相。

骑士被吓呆了，僵在原地一动不动。他这一辈子也算见过不少恶龙，但是眼前这只恶龙可谓空前绝后、无可匹敌。这个庞然大物不仅可以像通常的恶龙那样从口中喷出火焰，还可以从耳朵和眼眶中喷出火来，更不妙的是：它喷出的火焰是蓝色的。这只大怪龙的肚子里一定装满了很厉害的燃料。

　　骑士本能地伸手去拔剑，却什么也没有摸到。他开始禁不住发抖。骑士哇哇大叫，含糊不清地召唤梅林法师来救命。然而，让骑士绝望透顶的是这一次梅林法师竟然没有出现。

　　"怎么回事儿啊？为什么梅林法师不来帮我？"骑士一边惊慌失措地说，一边躲开大怪龙喷出的一束蓝色火焰。

　　"我不知道，"小松鼠说道，"通常梅林法师是非常可靠的。"

鸽子飞到骑士的肩膀上，翘起小脑袋，仔细倾听远方的声音，然后说道："据我所知，梅林法师此刻身在巴黎参加一个法师大会。"

　　骑士的脑袋里一下子冒出了一串惊叹号。他怎么能在这个时刻让我失望呢！他向我保证过这条路上不会有恶龙出现！

　　"那家伙指的是普通的龙。"大怪龙低吼道，隆隆的声音向四面散去，震得近旁的树左右摇摆，还差点儿把鸽子从骑士的肩膀上给震下来。

　　此刻情形严峻。这个大怪物竟然能知道对方在想什么，真是没有比这更糟的了。骑士努力控制住不让自己发抖，鼓起全部的勇气，用最大的嗓门对大怪龙吼道："给我让开，你这个大肚囊喷火器！"

大怪龙鼻子里喷着气，吐出的火焰四处乱窜。"胆小鬼还敢说大话。"大怪龙吼道。

骑士不知道下一步该做什么，只好拖延时间。"你为什么会在志勇之堡里？"

"为什么？我是主宰恐惧和疑惑的神龙。你能想得出还有比志勇之堡更适合我待的地方吗？"

骑士不得不承认，这条大怪龙的确名副其实。一点儿没错，他此刻心里充满了恐惧和疑惑。

大怪龙高高地昂起头，说道："我在这里专门收拾你们这些自以为通过了知识之堡就了不起的、攻无不克的家伙们。"

鸽子小声在骑士的耳边说道："梅林法师说过，一个人如果能认清自我，那么就能打败主宰恐惧和疑惑的大怪龙。"

"你真相信这办法能行得通吗？"骑士悄悄地对鸽子说。

"是的。"

"那么你来对付这个热情好客的鬼火发射器吧！"骑士把鸽子从肩膀上推开，

大叫道。接着，骑士猛地调头，一阵风一样飞速撤回了吊桥的一端。

"哈哈哈！"大怪龙咆哮着庆祝自己的胜利。发出最后一个"哈"的时候，大怪龙喷出的火焰差点儿烧到了骑士的屁股，幸好骑士的屁股有裤子保护着。

骑士赶忙扑灭屁股上的火星。小松鼠对骑士大声喊道："你已经到这里了，难道想打退堂鼓吗？"

"我也不知道，"骑士喘着大气喊道，恼怒不已，"我得活着，才能享受生活！"

这时，萨姆说话了："如果你无法通过认清自我这个考验，那么你怎么能算是个勇者呢？你将如何面对你自己呢？"

骑士翻了翻白眼："不是吧……你这个时候冒出来。你也相信那个办法行得通吗？你认为认清自我就能打败这条大怪龙？"

"当然了。人能自知，即可生良策。你应该听过这句话——'知己知彼，百战不殆'。"

"我听过。但是有谁实践过、活着证明过吗？"骑士诡辩道。

骑士的话刚说出口，他突然想起他不需要什么证明。他生来就是一个关爱他人又心地善良的好人。所以说，他不必感到害怕，也不必怀疑什么。眼前的这个庞然大物只不过是幻觉！

骑士猛地停下脚步，跟在他身后的小松鼠险些一头撞到骑士身上。骑士回过身来，望向吊桥的对面。大怪龙正笨重地跺着地，懒洋洋地冲着近旁的矮树丛喷火。相信大怪龙是幻觉的骑士，深吸了一口气，小心翼翼地再次沿着吊桥进发。

大怪龙像刚才一样挡住骑士的路，低声吼叫着喷出火焰。不过，这一次骑士没有打退堂鼓，而是继续向着大怪龙前进。很快，骑士的勇气渐渐殆尽了，骑士的胡须也随之一起消失了，因为大怪龙喷出的火焰烧到了骑士的胡须。

骑士疼得大叫一声，惊恐不已，又一次调头向后面跑去。

大怪龙大笑一声，向着正在撤退的骑士喷出一束炽热的火焰。骑士被火焰扫过，惊叫一声，跑回了吊桥的一端，小松鼠和鸽子也跟在骑士后面跑了回去。骑士看到有条小溪在近旁，迅速跑到水边，把冒烟的屁股浸在凉水里。

小松鼠和鸽子站在岸边，竭力安慰骑士。

"你刚才表现得非常勇敢。"小松鼠说道。

"第一次就可以做到这样，不错了。"

鸽子也附和道。

骑士坐在水里，用吃惊的目光盯着自己的这两位动物伙伴说道："什么第一次？你说第一次是什么意思？"

小松鼠认真地说道："你再一次回去面对大怪龙时会好很多的。"

骑士对小松鼠摇晃着手指，气哼哼地说道："还有再一次？你去吧！我一次就够了！"

"不要忘了，这条大怪龙只不过是幻觉而已。"鸽子说道。

"那么，从那条大怪龙嘴里喷出来的

火焰呢？也是幻觉吗？"

"是的，"鸽子回答道，"那也只不过是幻觉而已。"

"那么，你告诉我，我的屁股怎么被烧着了呢？"骑士执拗地问道。

"因为你认为那只大怪龙是真的，所以它喷出的火焰在你的脑袋里也就成了真的。"鸽子解释道。

"如果你相信主宰恐惧和疑惑的大怪龙，那么你就给了它烧着你的屁股的能力或者其他的威力。"小松鼠说道。

"它们两个说得没错，"萨姆说道，"你

必须得回去，为了大家再次面对那条大怪龙。"

骑士感到进退两难。现在的情况是三比一。或者说是两只动物加上半个骑士对剩下的半个骑士，因为代表一半骑士的萨姆站在小松鼠和鸽子那边，然而另一半骑士却不想再继续前进了。

就在骑士士气低落，想要偃旗息鼓的时候，萨姆说话了："神赋予人勇气，勇气让人神勇。"

激动、气愤和尴尬一起涌了上来，骑士说道："我不想再玩文字游戏了，我宁愿就地坐着，把它置之脑后。"

"听着，"萨姆鼓励骑士道，"如果你面对大怪龙，那么你有可能被大怪龙打败，但是如果你逃避面对大怪龙，那么等于说你已经被大怪龙打败了。"

"在别无选择的情况下，做决定是件轻而易举的事情。"骑士生气地说道。骑士极不情愿地挪动脚步，深吸了一口气，开始再次尝试穿过吊桥。

大怪龙用难以置信的目光看着骑士。这可真是个固执的家伙。"又回来了?"大怪龙低声吼道，"嗯! 这一次我会来真的。让你尝尝被烧焦的滋味!"

仿佛重生了一般的骑士，向着大怪龙

迈步前进。骑士的口中反复念道："恐惧和疑惑都是幻觉，恐惧和疑惑都是幻觉。"

大怪龙向着骑士一次接一次地喷出熊熊燃烧的火焰，却徒劳无用。骑士继续迈步前进，大怪龙越变越小，最后变得像一只青蛙那么大。喷不出火焰的"青蛙龙"吐出了几粒种子。这些种子是疑惑之籽，一样没能阻止骑士前进的脚步。技穷的"青蛙龙"变得更小了。骑士振臂欢呼，庆祝胜利。

"我赢了!"骑士大叫道。

"青蛙龙"用细细的、微小的声音说道："这次也许是你赢了，但是我会卷土重来的。"说完，噗的一声，"青蛙龙"在一缕蓝色的烟中消失了。

"随时奉陪，"骑士用嘲弄的语气回道，"不管你什么时候回来，我都会更强大，而你会更渺小。"

鸽子站在骑士的肩膀上说道："你看到了吧？我说的没错。如果你能认清自我，那么你就可以打败那只主宰恐惧和疑惑的大怪龙。"

"如果真是那样，那么为什么刚才你不和我一起面对大怪龙呢？"骑士问道。此刻的骑士不再觉得自己还不如眼前这位长羽毛的朋友了。

鸽子抖了抖身上的羽毛，说道："我不想擅自插手，毕竟这次旅途是为了让你脱下盔甲，不是为了让我脱掉羽毛。"

骑士被鸽子的话逗笑了。他们三个向着眼前的志勇之堡迈开了大步。当骑士来到志勇之堡的大门前时，整座城堡突然之间消失不见了。

萨姆解释道："你刚才已经表现出了作为一名勇者的非凡气概。"

骑士仰首大笑，心中充满了单纯的喜悦。向前望去，骑士可以看到山巅就在不远处。上山的路看起来更加陡峭艰难了，不过这不算什么。

现在什么也阻挡不了骑士了。

The
Knight
in
Rusty
Armor

第七章

真理之巅

骑士手足并用，一寸一寸地向山顶爬去，他手指被石头划破了，沿路留下了斑斑点点的血迹。当骑士即将到达山顶的时候，前面的路上出现了一块巨石。如骑士预料的一样，巨石上刻着文字：

　　空来人间走一世，未知未解人已逝，

　　　紧握已知不自知，只因难以放开执。

　　骑士此刻抓紧了岩石，身体贴在山边，在这种情形之下，他怎样才能参悟出巨石上文字的意思呢？这看起来简直不可能，但是骑士知道他必须得试试看。小松

鼠和鸽子想要表示自己对骑士处境的同情
之心。不过,它们也知道同情会让人变得
软弱。

骑士深深地吸了一口气,这样可以帮
助他理清思路。然后,骑士大声地念出了
后两行字:"紧握已知不自知,只因难以
放开执。"

骑士想了一遍那些他始终坚持的事
情。他的个人特点:区别他与别人。他的
信念:什么是对,什么是错。他的是非标
准:什么是好,什么是坏。

骑士仰望着眼前的巨石,突然一个很
可怕的念头从骑士的脑海中冒了出来:他

正紧靠着的这块大石头对他来说也算是"已知"的一部分。他必须要放手，任自己掉入未知的深渊吗？

"你已经参透了，骑士，"萨姆说道，"你该放手了。"

骑士惊恐的眼睛睁得更大了。"你想要干什么啊？把我们两个一起害死吗？"骑士对萨姆大声吼道。

"事实上，现在我们俩离死亡已经不远了，"萨姆平静地回答道，"看看你自己吧。你现在枯瘦如柴，而且内心之中满是惶恐。"

"我和以前不一样了，现在一点儿也

不感到害怕。"

"如果真是你说的那样，那么放手。还有，请交出信任。"

"信任谁？"骑士针锋相对地问道，他不想再听萨姆发表高见了。

"你要信任的不是某个有形的人，"萨姆回答道，"而是一种无形的力量！"

"力量？"

"是的，力量。生命、能量、宇宙、神，随便你想怎么叫它。"

骑士向下看去，望着近在脚边的无底深渊。

"放手吧。"萨姆在骑士的耳边轻声催促道。

骑士好像已经别无选择。他越来越虚弱无力，手指上的伤口由于用力扣住岩石而更深、更长了。骑士深信他即将死去，放开了扣住岩石的双手。他一直向深处掉去，掉进了记忆的深潭。骑士回想起那些他责怪的人：母亲、父亲、老师、妻子、儿子、朋友以及其他的人。当骑士掉入更深层的虚无之境时，他放下了所有针对他人的成见。

骑士跌落的速度越来越快，他感到头晕目眩，脑袋好像缩进了心里一样。然后，有生以来第一次，骑士看清了自己的人生，不带一丝成见，没有任何借口。

在这一瞬间，他全然接受了自己对人生的责任，别人对他的影响，以及过去的一切。

从这一刻起，他不再把自己的不幸和过错归咎于他人了。骑士认识到了自己才是原因，而不是后果，这让他感到了一种从未有过的力量。他现在无畏无惧了。

骑士的心中升起一种前所未有的平静的感觉，不可思议的事情出现了：骑士不再向下掉，而是向上升起！骑士继续上升，脱离了深渊！同时，骑士仍感到与深渊的尽头似乎有种共鸣。事实上，那是他与大地中心相通而产生的感觉。骑士接着向上升去，天与地融入了骑士。

转瞬之间，骑士发现自己正站在山巅上。骑士露出了会心的微笑，他现在完全明白了巨石上那两行文字的意思。骑士放下了恐惧，放下了所有，抛开了执念，他对未知的信念让他获得了自由。此刻，他可以放开心怀感受世间的一切了。

骑士站在山巅深呼吸。一种安宁的感觉从骑士心里散发出来。骑士的听觉、视觉好像被放大了一样，他对周遭一切的感受力也变得强烈了。这种突然的改变让骑士感到头晕目眩。在此之前，对未知的恐惧让骑士感觉麻木，现在他可以真正感受这个世界了。午后的暖阳、轻柔如歌的微风、锦绣如画的山川美景让骑士感到难以言表的舒畅。他的心中充满了爱——对自己的爱，对朱丽叶和克里斯的爱，对梅林法师的爱，对小松鼠和鸽子的爱，对生命本身的爱，以及对整个大千世界的爱。

小松鼠和鸽子在一边看着，骑士双膝跪地，流下了感激的泪水。骑士心里想，我差点儿因为憋在心里的眼泪而送命。眼泪流过骑士的脸颊，沿着骑士的胡须流下，滴在了骑士的胸甲上。这些非同一般的热泪很快就熔化了骑士身上的盔甲。

骑士喜悦地大喊了出来。他再也不会穿上盔甲，四处征战了。人们再也不会看到身穿闪耀着光芒的盔甲的骑士在地平线上出现，再也不会把他误当作北升东落的太阳了。

骑士含着泪光露出了微笑。他没有察觉到，此刻他的身上闪耀着不同的光芒，比他那铮亮的盔甲更耀眼夺目，犹如潺潺溪流的闪光，像满月一样明亮，像太阳一样明媚。

骑士和天地融为了一体，他就是小溪，他就是月亮，他就是太阳，他可以是世间的万物。

他就是爱。

心 理 学 大 师 经 典 作 品

红书
原著：[瑞士] 荣格

寻找内在的自我：马斯洛谈幸福
作者：[美] 亚伯拉罕·马斯洛

抑郁症（原书第2版）
作者：[美] 阿伦·贝克

理性生活指南（原书第3版）
作者：[美] 阿尔伯特·埃利斯 罗伯特·A. 哈珀

当尼采哭泣
作者：[美] 欧文·D. 亚隆

多舛的生命：
正念疗愈帮你抚平压力、疼痛和创伤（原书第2版）
作者：[美] 乔恩·卡巴金

身体从未忘记：
心理创伤疗愈中的大脑、心智和身体
作者：[美] 巴塞尔·范德考克

部分心理学（原书第2版）
作者：[美] 理查德·C. 施瓦茨 玛莎·斯威齐

风格感觉：21世纪写作指南
作者：[美] 史蒂芬·平克

心身健康

《谷物大脑》

作者：[美] 戴维·珀尔玛特 等 译者：温旻

樊登读书解读，《纽约时报》畅销书榜连续在榜55周，《美国出版周报》畅销书榜连续在榜超40周！
好莱坞和运动界明星都在使用无麸质、低碳水、高脂肪的革命性认食法！
解开小麦、碳水、糖损害大脑和健康的惊人真相，让你重获健康和苗条身材

《菌群大脑：肠道微生物影响大脑和身心健康的惊人真相》

作者：[美] 戴维·珀尔马特 等 译者：张雪 魏宁

超级畅销书《谷物大脑》作者重磅新作！
"所有的疾病都始于肠道。"——希腊名医、现代医学之父希波克拉底
解锁21世纪医学关键新发现——肠道微生物是守护人类健康的超级英雄！
它们维护着我们的大脑及整体健康，重要程度等同于心、肺、大脑

《谷物大脑完整生活计划》

作者：[美] 戴维·珀尔马特 等 译者：闫佳

超级畅销书《谷物大脑》全面实践指南，通往完美健康和理想体重的所有道路，都始于简单的生活方式选择，你的健康命运，全部由你做主

《生酮饮食：低碳水、高脂肪饮食完全指南》

作者：[美] 吉米·摩尔 等 译者：陈晓芮

吃脂肪，让你更瘦、更健康。风靡世界的全新健康饮食方式——生酮饮食。两位生酮饮食先锋，携手22位医学/营养专家，解开减重和健康的秘密

《第二大脑：肠脑互动如何影响我们的情绪、决策和整体健康》

作者：[美] 埃默伦·迈耶 译者：冯任南 李春龙

想要了解自我，从了解你的肠道开始！拥有40年研究经验、脑-肠相互作用研究的世界领导者，深度解读肠脑互动关系，给出兼具科学和智慧洞见的答案

更多>>>
《基因革命：跑步、牛奶、童年经历如何改变我们的基因》 作者：[英] 沙伦·莫勒姆 等 译者：杨涛 吴荆卉
《胆固醇，其实跟你想的不一样！》 作者：[美] 吉米·摩尔 等 译者：周云兰
《森林呼吸：打造舒缓压力和焦虑的家中小森林》 作者：[挪] 约恩·维姆达 译者：吴娟

抑郁 & 焦虑

《拥抱你的抑郁情绪：自我疗愈的九大正念技巧（原书第2版）》

作者：[美] 柯克·D. 斯特罗萨尔 帕特里夏·J. 罗宾逊 译者：徐守森 宗焱 祝卓宏 等

美国行为和认知疗法协会推荐图书
两位作者均为拥有近30年抑郁康复工作经验的国际知名专家

《情绪健身房：21天陪你应对抑郁和焦虑 》

作者：陈祉妍 明志君 李子双绘

本书内容立足多年的临床实践和科学研究成果，基于认知行为疗法，将抑郁和焦虑情绪问题的心理干预和调节方法分解为简单易懂的练习模块，按照循序渐进的流程科学分配在21天内"健身"打卡完成。

《抑郁症（原书第2版）》

作者：[美] 阿伦·贝克 布拉德 A.奥尔福德 译者：杨芳 等

40多年前，阿伦·贝克这本开创性的《抑郁症》第一版问世，首次从临床、心理学、理论和实证研究、治疗等各个角度，全面而深刻地总结了抑郁症。时隔40多年后本书首度更新再版，除了保留第一版中仍然适用的各种理论，更增强了关于认知障碍和认知治疗的内容。

《重塑大脑回路：如何借助神经科学走出抑郁症》

作者：[美] 亚历克斯·科布 译者：周涛

神经科学家亚历克斯·科布在本书中通俗易懂地讲解了大脑如何导致抑郁症，并提供了大量简单有效的生活实用方法，帮助受到抑郁困扰的读者改善情绪，重新找回生活的美好和活力。本书基于新近的神经科学研究，提供了许多简单的技巧，你可以每天"重新连接"自己的大脑，创建一种更快乐、更健康的良性循环。

《重新认识焦虑：从新情绪科学到焦虑治疗新方法》

作者：[美] 约瑟夫·勒杜 译者：张晶 刘睿哲

焦虑到底从何而来？是否有更好的心理疗法来缓解焦虑？世界知名脑科学家约瑟夫·勒杜带我们重新认识焦虑情绪。诺贝尔奖得主坎德尔推荐，荣获美国心理学会威廉·詹姆斯图书奖。

更多>>>

《焦虑的智慧：担忧和侵入式思维如何帮助我们疗愈》 作者：[美] 谢丽尔·保罗
《丘吉尔的黑狗：抑郁症以及人类深层心理现象的分析》 作者：[英] 安东尼·斯托尔
《抑郁是因为我想太多吗：元认知疗法自助手册》 作者：[丹] 皮亚·卡列森

静 观 自 我 关 怀

静观自我关怀专业手册

作者：［美］克里斯托弗·杰默（Christopher Germer）克里斯汀·内夫（Kristin Neff）著
ISBN：978-7-111-69771-8

静观自我关怀（八周课）权威著作

静观自我关怀：勇敢爱自己的51项练习

作者：［美］克里斯汀·内夫（Kristin Neff）克里斯托弗·杰默（Christopher Germer）著
ISBN：978-7-111-66104-7

静观自我关怀系统入门练习，循序渐进，从此深深地爱上自己